Key Technical Issues for Environmental Protection Equipment Maintanence and Upgrading in Thermal Power Plants

火电厂环保设备
运行维护与升级改造
关键技术

华电电力科学研究院有限公司　编著

中国电力出版社
CHINA ELECTRIC POWER PRESS

内 容 提 要

本书针对火电厂脱硫、脱硝、除尘、废水处理等环保设备运行维护与升级改造的关键技术进行了专题论述，对当前行业内普遍关注的热点问题，如脱硫系统协同除尘技术、SCR 脱硝催化剂全寿命管理技术、SCR 脱硝还原剂液氨改尿素技术、燃煤机组宽负荷脱硝技术、烟气"消白"技术、全厂废水零排放技术等，结合工程案例进行了系统性的分析和阐述。

本书可供电力行业环保专业工程技术人员、管理人员、运维人员阅读参考。

图书在版编目（CIP）数据

火电厂环保设备运行维护与升级改造关键技术 / 华电电力科学研究院有限公司编著. —北京：中国电力出版社，2018.7（2024.11重印）

ISBN 978-7-5198-2071-8

Ⅰ. ①火⋯　Ⅱ. ①华⋯　Ⅲ. ①火电厂－环境保护－设备－运行②火电厂－环境保护－设备－维修③火电厂－环境保护－设备－改造　Ⅳ. ①TM621.7

中国版本图书馆 CIP 数据核字（2018）第 108331 号

出版发行：中国电力出版社
地　　址：北京市东城区北京站西街 19 号（邮政编码 100005）
网　　址：http://www.cepp.sgcc.com.cn
责任编辑：赵鸣志（010-63412385）
责任校对：李　楠
装帧设计：张俊霞
责任印制：石　雷

印　　刷：中国电力出版社有限公司
版　　次：2018 年 7 月第一版
印　　次：2024 年 11 月北京第二次印刷
开　　本：787 毫米×1092 毫米　16 开本
印　　张：12.5
字　　数：304 千字
印　　数：2001—2100 册
定　　价：58.00 元

版 权 专 有　侵 权 必 究

《火电厂环保设备运行维护与升级改造关键技术》
编 委 会

前 言

　　近年来，国内区域性复合型大气污染问题日益突出，环境形势十分严峻，环境问题已引起广泛重视。为此，国家陆续出台多项政策要求严格控制污染物排放，环境治理的力度前所未有。火电厂如何从环保工程改造及后期运行维护方面符合环保要求，成为行业内普遍关注的问题。

　　华电电力科学研究院有限公司（以下简称华电电科院）是中国华电集团有限公司下属专门从事火力发电、水电及新能源发电、煤炭检验检测及清洁高效利用、质量标准咨询及检验检测、分布式能源等技术研究与技术服务的专业机构。近年来，华电电科院环保技术团队在火电厂环保改造与优化运维方面开展了大量技术服务工作，针对当前火电厂环保专业面临的诸多新问题、新技术，开展了深入细致的应用研究。

　　本书基于华电电科院近年来开展相关技术服务与应用研究工作的成果，分别对脱硫、脱硝、除尘、废水、烟气"消白"等专业设施运行维护与升级改造的关键技术进行了深入论述，并结合工程案例，对当前行业内普遍关注的问题进行了系统性的分析。

　　希望通过本书的出版，能够将华电电科院环保技术团队的研究成果和实践经验与同仁们分享，为火电工程技术人员、管理人员、运维人员及其他相关专业技术人员提供借鉴。在本书编写过程中，引用了一些工程公司和设备厂商的技术资料，并得到了有关领导及专家的支持与指导，在此一并致谢。限于作者水平和编写时间，书中疏漏之处在所难免，欢迎各位同行及专家不吝赐教，就相关课题展开进一步探讨。

朱　跃

2018 年 3 月

目 录

1

燃煤电厂高效脱硫技术

一、背景

烟气脱硫是目前燃煤电厂控制 SO_2 排放最有效和应用最广的技术，燃煤电厂的脱硫技术按照脱硫剂及脱硫反应物的状态，可以分为湿法、干法及半干法三大类。湿法脱硫工艺主要是以碱性溶液为脱硫剂吸收烟气中的 SO_2，目前湿法脱硫工艺主要有石灰石-石膏法、海水法、双碱法、亚钠循环法、氧化镁法等。其中，石灰石-石膏湿法烟气脱硫技术在国内外均是应用最广泛、技术最成熟的烟气脱硫技术，在我国火电厂脱硫领域占市场份额的 90% 以上。

随着《煤电节能减排升级与改造行动计划（2014—2020 年）》（发改能源〔2014〕2093 号）的发布，超低排放要求 SO_2 浓度排放限值为不高于 $35mg/m^3$。对于燃煤电厂脱硫装置脱硫效率的要求日益提高，脱硫效率往往需要达到 98%甚至 99%以上才能满足排放要求，而最早一批投运的石灰石-石膏法脱硫装置设计脱硫效率往往在 95%左右，距离超低排放效率目标值尚存在一定差距，必须采用高效脱硫技术对其进行提效改造才能满足要求。

二、燃煤电厂高效脱硫技术分析

（一）高效脱硫技术原理

石灰石-石膏湿法烟气脱硫工艺的基本原理是采用石灰石作为脱硫剂，将石灰石磨粉制浆后喷入吸收塔，与烟气中的 SO_2 发生中和反应实现烟气脱硫。吸收过程中反应产物为硫酸钙和亚硫酸钙，再通过氧化风机送入空气将亚硫酸钙强制氧化为硫酸钙，之后硫酸钙经结晶、脱水生成副产物脱硫石膏。

石灰石-石膏湿法烟气脱硫核心是吸收传质过程，脱硫反应过程在气、液、固三相中进行，发生气-液反应和液-固反应。脱硫反应过程主要包括气相 SO_2 被液相吸收、吸收剂溶解、中和反应、氧化反应和结晶析出等五个过程，其反应机理如下所示。

（1）气相 SO_2 被液相吸收。化学反应式为

$$SO_2(g)+H_2O \Longleftrightarrow H_2SO_3(l) \tag{1-1}$$

$$H_2SO_3(l) \Longleftrightarrow H^+ + HSO_3^- \tag{1-2}$$

$$HSO_3^- \Longleftrightarrow H^+ + SO_3^{2-} \tag{1-3}$$

（2）吸收剂溶解。化学反应式为

$$CaCO_3(s) \Longleftrightarrow CaCO_3(l) \tag{1-4}$$

（3）中和反应。化学反应式为

$$CaCO_3(l)+H^+ + HSO_3^- \longrightarrow Ca^{2+} + SO_3^{2-} + H_2O + CO_2(g) \tag{1-5}$$

$$SO_3^{2-} + H^+ \longrightarrow HSO_3^- \tag{1-6}$$

（4）氧化反应。化学反应式为

$$SO_3^{2-} + 1/2O_2 \longrightarrow SO_4^{2-} \tag{1-7}$$

$$HSO_3^- + 1/2O_2 \longrightarrow SO_4^{2-} + H^+ \tag{1-8}$$

（5）结晶析出。化学反应式为

$$Ca^{2+} + SO_3^{2-} + 1/2H_2O \longrightarrow CaSO_3 \cdot 1/2H_2O \tag{1-9}$$

$$Ca^{2+} + SO_4^{2-} + 2H_2O \longrightarrow CaSO_4 \cdot 2H_2O(s) \tag{1-10}$$

石灰石-石膏湿法烟气脱硫工艺反应速率取决于上述五个控制步骤。其中 SO_2 的吸收传质过程又主要取决于前三个步骤，高效脱硫的关键也在于如何加速前三个步骤的反应过程。

SO_2 的吸收传质过程可以通过双膜理论来解释（见图 1-1）。SO_2 的吸收传质主要有三种阻力：①气相阻力；②液相阻力；③气液分界面阻力。

由于 SO_2 极易溶于水，在气体中的扩散速度比在液体中要快，因此气相阻力很小；$CaCO_3$ 极难溶于水，下步中和反应所需的 Ca^{2+} 的形成速率也慢，液相阻力较大，$CaCO_3$ 溶解速度控制了吸收过程的总速度；$CaCO_3$（l）和 HSO_3^- 在气液相界面发生反应，其反应速率也受气液分界面阻力影响。因此，上述反应式（1-4）和反应式（1-5）是 SO_2 吸收传质过程的"速度控制"步骤。

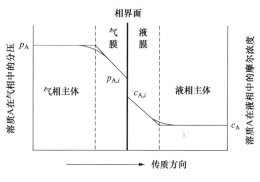

图 1-1　双膜理论示意图

增加液气比可以提高参与反应的石灰石量，从而显著提高脱硫效率。理论上足够高的液气比可以实现较高脱硫效率，但单纯增加液气比无法从根本上改善 SO_2 吸收传质效果，同时浆液循环量的增加必然造成循环泵电耗和系统阻力增加，经济性较差。因此，实现高效脱硫的技术关键在于如何降低 SO_2 吸收阻力，即如何降低液相阻力和气液分界面阻力，从而实现用较少的液气比实现较高的脱硫效率。

降低液相阻力的措施主要有提高石灰石消溶速率、提高浆液 pH 值等，而降低气液界面阻力则可以通过提高流场均匀性、增强气液紊流效果等来实现。

（1）提高石灰石消溶速率。石灰石活性用石灰石消溶速率来表示，其定义为单位时间内被消溶的石灰石的量。pH 值是控制石灰石溶解速率的主要因素，低 pH 值条件下石灰石消溶速率较快，但不利于 SO_2 的吸收及亚硫酸根的氧化。

在湿法脱硫系统中，加入一定量适当的有机酸等脱硫添加剂，可以显著提高石灰石消溶速率，缓冲浆液的 pH 值，其作用原理为有机酸提供部分游离氢离子，加速碳酸钙的溶解；同时游离的酸根离子能够结合吸收 SO_2 产生的氢离子，促进 SO_2 吸收，从而提高 SO_2 脱除效率。

（2）提高浆液 pH 值。液气比与 pH 值的关系曲线如图 1-2 所示。脱硫反应作为酸碱中和化学反应，提高浆液 pH 值可以显著提升 SO_2 吸收速率，从而在同等条件下降低液气比，降低循环泵电耗和系统阻力，降低运行费用，从而实现高效脱硫。

提高浆液 pH 值可通过添加新鲜石灰石浆液来实现，但脱硫反应中 SO_2 吸收和石膏氧化反应受 pH 值影响效应相互制约，高 pH 值可以强化吸收过程，但势必影响石膏氧化过程。因此在常规吸收塔中通常控制浆液 pH 值范围在 5.0～6.0 之间，确保吸收和氧化反应都能实现较为理想的效果。一味提高浆液 pH 值会导致石膏中 $CaCO_3$ 含量较高，石灰石利用率不高，同时石膏品质受影响进而影响整个脱硫装置运行。因此，提高 pH 值的同时必须解决好石膏品质和石灰石利用率的问题。

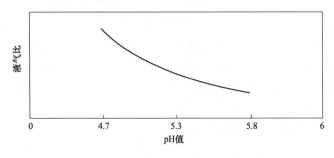

图 1-2　液气比与 pH 值的关系曲线

目前，单塔双区技术、单塔双循环技术、双塔双循环技术等高效脱硫技术的核心均在于设置吸收和氧化不同的 pH 值分区或循环来解决此问题。

（3）提高流场均匀性。提高流场均匀性可以增加 SO_2 与石灰石浆液的碰撞概率，增加气液接触时间，减少浆液喷淋无法覆盖的"死区"，从而避免 SO_2 未经反应而离开脱硫塔导致脱硫效率下降的现象发生。

提高流场均匀性可以通过流场优化、设置均流装置等方式来实现，在吸收塔设计前期需开展物模与数模工作，合理调整吸收塔内流场设计确保气流均布效果，同时为除雾器选型设计提供依据。合金托盘等均流装置的设置也可以有效提高流场均匀性。华能国际电力股份有限公司编制的《燃煤电厂烟气协同治理技术指南》对于吸收塔流场优化工作有明确的要求：应采用合适的烟气均布措施保证吸收塔塔内烟气分布均匀度，可采用托盘等烟气分布装置，并辅以 CFD 数值模拟，必要时采用物理模型予以验证；同时应采取措施减小吸收塔周边烟气高速偏流效应，可采用性能增效环或加密喷淋密度等措施。

（4）增强气液紊流效果。增强气液紊流效果可以使吸收塔内气液固三相充分接触，增强气液膜传质效果，提高传质速率，进而提高脱硫接触反应效率，有效降低液气比，减少循环泵能耗。主要通过塔内设置高效均流装置、高效雾化喷嘴等措施实现。托盘/双托盘塔技术、旋汇耦合塔技术、旋流雾化塔技术、薄膜持液层托盘塔技术等技术的开发均基于此理念。

（二）高效脱硫技术介绍

1. 脱硫添加剂提效技术

在脱硫塔内加入添加剂可以提高脱硫效率和吸收剂的利用率，同时降低脱硫系统的能耗水平，防止系统结垢，提高系统运行的操作弹性和可靠性，从而降低系统的投资和运行费用。

目前脱硫添加剂主要分为有机添加剂、无机添加剂和复合添加剂三类。无机添加剂主要包括镁化合物、钠盐、铵盐等，如 $MgSO_4$、$Mg（OH）_2$、Na_2SO_4、$NaNO_3$、$（NH_4）_2SO_4$ 等，其中以镁类添加剂应用最多。有机添加剂又称为缓冲添加剂，多为有机酸，如 DBA、苯甲酸、乙酸等，在工业上应用最成功的有机酸为 DBA。复合添加剂则是在对无机和有机添加剂的研究基础上开发出来的两种或更多添加剂的组合。研究发现，复合添加剂的不同组合方式（包括添加剂的种类和含量）对脱硫效率的影响是不同的，多数情况下它对脱硫效率的提高并非单一添加剂效果的叠加，尤其在中低 pH 值段效果更加显著。

脱硫添加剂具有以下特点：

（1）提高石灰石反应活性及利用率，减少 $CaCO_3$ 的浪费，缓冲石灰石浆液 pH 值，提高 SO_2 的溶解度。

（2）脱硫添加剂不造成脱硫系统管路的额外腐蚀，对脱硫产石膏品质无影响。

（3）提高脱硫效率，并且能在合理范围内提高脱硫系统对燃煤硫分的适应性。

（4）降低脱硫系统厂用电率，在燃煤硫分较低的情况下，能够停运 1～2 台浆液循环泵。

美国开发的 GS-CH02 和 GS-FCH03 脱硫添加剂是由几个不同族类的分子大小不同、结构各异的活性剂、高分子羟基盐类化合物、复合催化剂与丁醇碳基组成的复杂混合物。分析结果表明，这些物质含有亲水官能团和憎水羟基，因此具有一定的表面活性和缓冲能力，可以大幅度促进石灰石-石膏湿法烟气脱硫系统内的化学反应传质过程，提高脱硫效率。目前，该项产品已经在欧美、日本等国家获得了广泛的应用。国内长沙宏福和陕西页川两家公司引进了该技术，在部分脱硫项目开展了添加剂提高脱硫效率的工作。

华电电力科学研究院针对高硫煤地区特点自主研发的高效型脱硫复合添加剂 FH-01，也已在中国华电集团有限公司下属的珙县电厂等多个电厂得到应用，并收到良好效益。

2. 托盘/双托盘塔技术

托盘/双托盘塔技术是一种通过在吸收塔内喷淋层下方布置一层或两层多孔合金托盘以加强传质效果的脱硫技术，如图 1-3 所示，托盘/双托盘塔技术最初为美国巴威（B&W）公司专利技术，后续由武汉凯迪环保、浙能天地环保等公司引入国内市场。托盘/双托盘可以显著改善吸收塔内气流均布效果，同时形成持液层提高脱硫效率，降低液气比。在目前提倡脱硫高效协同除尘作用的理念下，托盘的持液层可以增大粉尘与浆液的接触面积，提高洗尘效率。

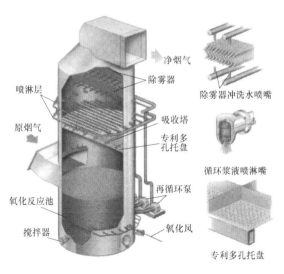

图 1-3 合金托盘塔示意图

托盘/双托盘塔的技术特点如下：

（1）气流均布。吸收塔设置托盘和未设置托盘的流场如图 1-4 所示。

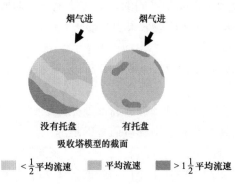

烟气进　　烟气进

没有托盘　　有托盘

吸收塔模型的截面

■ <$\frac{1}{2}$平均流速　■ 平均流速　■ >$1\frac{1}{2}$平均流速

图 1-4　吸收塔设置托盘和未设置托盘流场比较

设置托盘后，进入吸收塔的气体流速受到很好的均布作用，大部分气体流速处在平均流速范围内。

（2）石灰石溶解速率大幅提高。托盘上浆液的 pH 值比反应池内的 pH 值低 20%以上，石灰石的溶解速率与浆液内水合氢离子的浓度 ［H⁺］成正比，pH 值为 4.0 条件下的 ［H⁺］是 pH 值为 5.5 条件下 ［H⁺］的 31 倍，因此更利于托盘上石灰石的溶解。

（3）烟气与浆液接触时间大大增加。传统空塔烟气与浆液的接触时间约为 3.5s。由于托盘可保持一定高度的液膜，所以增加了烟气在吸收塔中的停留时间，单托盘上的浆液滞留时间为 1.8s，双托盘吸收塔托盘上的浆液滞留时间约为 3.5s，烟气接触时间较空塔延长 1 倍。

（4）检修方便。托盘的设置可使吸收塔运行维护更加方便。在塔内进行检修时，无需将塔内浆液全部排空，只需在塔内搭建临时检修平台，运行维护人员站在合金托盘上就可对塔内部件进行维护和更换，减少维护时间。

托盘/双托盘塔技术在国内脱硫超低排放改造中拥有众多业绩（见表 1-1），目前已有投运机组设计脱硫效率在 99%以上，设计入口 SO₂ 浓度超过 4000mg/m³（标准状态、干基、6%O₂，下同）。

表 1-1　　　　　　　　　　典型托盘/双托盘塔技术运行情况

项　目	CX 电厂 1 号（双托盘塔）		WT 电厂 14 号（托盘塔）	
	设计值	运行值	设计值	运行值
入口 SO₂ 浓度（mg/m³）	2690	922	2190	1999
出口 SO₂ 浓度（mg/m³）	35	17	35	25
脱硫效率（%）	98.7	98.2	98.41	98.54
入口粉尘浓度（mg/m³）	15	6.2	<20	8.1
出口粉尘浓度（mg/m³）	5	2.3	<10	5.2
pH 值	5～6	5.9	5～6	5.8
喷淋层配置	4	3	4	4

3. 旋汇耦合塔技术

北京清新环境技术股份有限公司基于多相紊流掺混的强传质机理和气体动力学原理开发了旋汇耦合塔技术。该技术是在现有喷淋空塔技术上增加了旋汇耦合器，安装在吸收塔内喷淋层的下方、吸收塔烟气入口的上方，见图 1-5 和图 1-6。在旋汇耦合器上方的湍流空间内气液固三相充分接触，增强气液膜传质、提高传质速率，进而提高脱硫接触反应效率。同时通过优化喷淋层结构，改变喷嘴布置方式，提高单层浆液覆盖率达到 300%以上，增大化学反应所需表面积，完成第二步的洗涤。

旋汇耦合塔上部设置有管束式除尘除雾装置，由导流环、管束筒体、整流环、增速器和分离器组成，见图1-7。气流通过加速器加速后，高速旋转向上运动，气流中细小雾滴、尘颗粒在离心力作用下与气体分离，向筒体表面运动实现液滴脱除。

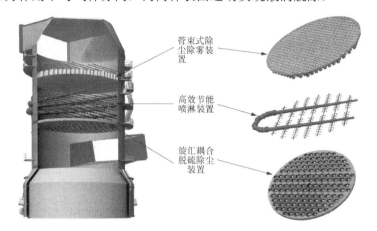

管束式除尘除雾装置

高效节能喷淋装置

旋汇耦合脱硫除尘装置

图 1-5　旋汇耦合塔结构示意图

图 1-6　旋汇耦合器

图 1-7　管束式除尘除雾装置

旋汇耦合塔技术特点如下：

（1）传质效率高。烟气通过旋汇耦合器后烟气湍流强度增加，气流均布性增强，逆流接触吸收剂雾滴的传质效率高。

（2）气流均布好。塔内烟气和浆液分布不均容易造成烟气短路形成盲区，旋汇耦合塔的 CFD 模拟显示，均气效果比一般空塔提高 15%～30%。

（3）降温速度快。从旋汇耦合器断面进入的烟气，与浆液通过旋流和汇流的耦合、旋转、翻覆，形成湍流很大的气液传质体系。烟温迅速下降，利于塔内气液充分反应。

（4）协同除尘。经高效脱硫后的烟气向上经离心式除尘除雾装置完成高效除尘除雾过程，可以实现对微米级粉尘和细小雾滴的脱除。

（5）占地面积小。单塔可实现脱硫效率高达 99%，适用于改造空间小的机组进行提效改造。

旋汇耦合塔技术在国内已有数十台设计效率在 99%以上的脱硫超低排放改造工程业绩，且在高硫煤地区（入口 SO_2 浓度超过 $8000mg/m^3$）已有成功投运业绩（见表 1-2）。

表 1-2　　　　　　　　典型旋汇耦合塔技术运行情况（YG 电厂 3 号）

项　　目	设计值	实际值
入口 SO_2 浓度（mg/m^3）	3000	2113
出口 SO_2 浓度（mg/m^3）	35	5.2
脱硫效率（%）	98.9	99.7
入口粉尘浓度（mg/m^3）	50	35.7
出口粉尘浓度（mg/m^3）	5	2.7
pH 值	5～6	5.4
喷淋层配置	4	3

4. 单塔双区技术

单塔双区技术主要采用池分离器技术。在浆池区设置分区调节器，将浆池分成上下两个不同 pH 值的浆池区。下部高 pH 值浆液用来吸收 SO_2，上部低 pH 值浆液用来氧化结晶，在单座吸收塔内分别为氧化和结晶提供最佳反应条件，提高脱硫效率。

常规石灰石-石膏湿法脱硫装置均为单塔单区方式，将原吸收塔和氧化罐浆液部分合并为塔下部的浆池。为兼顾吸收和氧化的效果，浆液 pH 值采用折中值，约为 5.0～5.5，虽然兼顾了吸收和氧化所需的酸碱度要求，但离两者最佳值均相差较远。从吸收角度来看，pH 值偏低使脱硫效率受限；从氧化角度来看，pH 值偏高使石膏品质受到影响。

单塔双区技术的主要理念是在不增加二级塔或塔外浆池的情况下，通过在吸收塔浆池内设置分区隔离器和采用射流搅拌系统，将浆池分隔为上吸收区和下氧化区，使浆池按 pH 值分开，实现"双区"。氧化区保持低 pH 值，pH 值为 4.9～5.5，以便生成高纯石膏；吸收区保持高 pH 值，pH 值为 5.3～6.1，以促进高效脱除 SO_2（见图 1-8）。

单塔双区技术的核心在于设置分区隔离器及采用射流搅拌系统。分区隔离器上部浆液为刚完成吸收反应后自由掉落的喷淋液，溶解有相当量的 SO_2，浆液呈较强酸性，浆中 SO_3^{2-} 可以在该区域内供氧管供氧情况下氧化生成 SO_4^{2-}，再立即与溶液中大量存在的 Ca^{2+} 结合

生成 $CaSO_4$ 并与水结晶生成石膏。而在隔离器下部为新加入的石灰石浆液，为避免其对隔离器上部浆液 pH 值产生影响，采用了射流搅拌系统。当液体从管道末端喷嘴中冲出时产生射流，依靠该射流作用搅拌起塔底固体物，防止沉淀发生。通过设置分区隔离器和射流搅拌系统的辅助，实现浆池内上部高 pH 值的氧化结晶环境和下部低 pH 值的 SO_2 吸收环境。

单塔双区技术特点如下：

（1）全烟气均采用高 pH 值浆液进行脱硫吸收，有利于保证高脱硫效率，吸收剂利用率高；所有石膏结晶均在同一塔低 pH 值区进行，有利于氧化，石膏纯度最高。

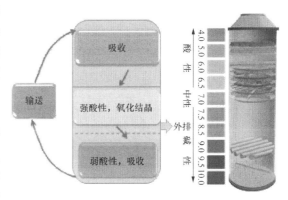

图 1-8　单塔双区技术示意图

（2）配套设有射流搅拌措施，吸收塔内无任何转动部件，且搅拌更加均匀，脱硫系统停机后可以顺利重新启动。

（3）无任何塔外循环吸收装置或串联塔，占地面积小，节省投资。

（4）脱硫系统运行阻力低，比串联塔低 150～600Pa。

单塔双区技术已经在多个工程项目中得到应用和推广，设计脱硫效率均保持在 99% 以上。同时根据部分实际项目验证，在入口 SO_2 浓度为 5000mg/m³ 的情况下，出口 SO_2 浓度仍可稳定在 35mg/m³，最高脱硫效率超过 99.3%（见表 1-3）。

表 1-3　　　　　　　　典型单塔双区技术运行情况（MT 电厂 9 号）

项　　目	设计值	实际值
入口 SO_2 浓度（mg/m³）	2850	2305
出口 SO_2 浓度（mg/m³）	50	24
脱硫效率（%）	98.3	99
出口粉尘浓度（mg/m³）	—	19.7
系统阻力（Pa）	2750	1072

5. 旋流雾化塔技术

旋流雾化塔技术将现有的脱硫喷淋塔改为喷雾塔，采用超声波雾化技术和专利喷嘴，利用高频、高振幅的超声波将高的声波压力作用在液体上使液体雾化，使脱硫剂粒径由传统的 1500～3000μm 降至 50～80μm，形成云雾状，大大提高脱硫剂比表面积，使脱硫吸收反应速度加快；采用雾化旋流切圆布置的专利技术，构造脱硫塔内喷雾旋流场，烟气与脱硫剂充分传质混合，加大烟气中 SO_2 与脱硫剂反应概率，实现了流场再造，以及小液气比情况下的高端流传质吸收反应，提高脱硫效率。

旋流雾化塔技术改造的基本思路是在脱硫塔最低层喷淋层和烟道入口处之间新增一层浆液旋流雾化喷射层，包括雾化器、浆液循环系统、雾化驱动介质系统等。其中雾化驱动介质的压力可调。通过调节雾化驱动介质工作压力，满足不同工况下喷嘴雾化效果，保证脱硫效率（见图1-9）。

图1-9　旋流雾化喷头安装图

旋流雾化塔技术特点如下：

（1）在塔内实现旋流雾化并完成气液再分布、浆液再分布的目的。

（2）旋流雾化喷出的浆液粒径比传统喷淋方式的浆液粒径小，较大地提高了脱硫剂比表面积，加快脱硫吸收反应速度。

（3）旋流雾化构造了脱硫塔内旋流场，使烟气与脱硫剂充分混合，加大烟气中 SO_2 与脱硫剂反应的概率。

（4）根据烟气排放量及 SO_2 的浓度，可灵活调配喷头流量并合理配置浆液泵数量，以达到最佳运行经济效果和脱硫效果。

（5）雾化旋流装置安装简单、维修方便，可在短时间内进行维修及更换，不影响设备的正常运行。

旋流雾化塔技术目前在国内已有数十台改造业绩，机组容量最大达到 600MW，且已有项目完成性能验收。在入口 SO_2 浓度超过 $5000mg/m^3$ 的前提下，控制出口 SO_2 浓度在 $30mg/m^3$ 以下，最高脱硫效率达到99.4%以上。表1-4为典型旋流雾化塔运行情况。

表1-4　　　　　典型旋流雾化塔技术运行情况（BT电厂1号）

项　目	设计值	实际值
入口 SO_2 浓度（mg/m^3）	4500	4144
出口 SO_2 浓度（mg/m^3）	≤200	43
脱硫效率（%）	95.6	99.0
进口粉尘浓度（mg/m^3）	≤100	54.9
出口粉尘浓度（mg/m^3）	≤30	24.3
系统阻力（Pa）	2580	1341

6. 单塔双循环脱硫技术

单塔双循环塔的结构与单回路喷淋塔相似，不同之处在于吸收塔中循环回路分为下循环和上循环两个回路，采用双循环回路运行，两个回路中的反应在不同的pH值环境下进行。

（1）下循环脱硫区。下循环由中和氧化池及下循环泵共同形成下循环脱硫系统，pH值控制在4.0~5.0较低范围，利于亚硫酸钙氧化、石灰石溶解，防止结垢和提高吸收剂利用率。

（2）上循环脱硫区。上循环由中和氧化池及上循环泵共同形成上循环脱硫系统，pH 值控制在 6.0 左右，可以高效地吸收 SO₂，提高脱硫效率。

在一个脱硫塔内形成相对独立的双循环脱硫系统，烟气脱硫由双循环脱硫系统共同完成。双循环脱硫系统相对独立运行，但又布置在一个脱硫塔内，保证了较高的脱硫效率，特别适合于燃烧高硫煤和执行超低排放标准地区，脱硫效率可达到 99% 以上。

单塔双循环脱硫系统各配备 1 套 FGD 和 AFT 浆液塔（见图 1-10）。AFT 浆液塔为上部循环提供浆液，上部循环喷淋浆液最终由设置在上、下循环之间的合金积液盘收集返回 AFT 塔。

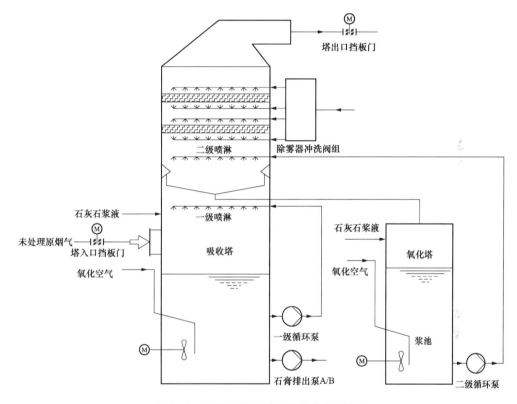

图 1-10　单塔双循环脱硫技术流程示意图

单塔双循环脱硫系统最显著的特点是可以实现上、下循环不同 pH 值，某电厂在运行时控制上、下循环 pH 值分别为 5.8、5.1，在实现高脱硫效率的同时（99.1%），可以获得较高品质的脱硫石膏（含水率 10% 以下）。

单塔双循环脱硫装置现场见图 1-11。

单塔双循环脱硫技术的特点如下：

（1）两个循环过程的控制相互独立，避免了参数之间的相互制约，可以使反应过程更加优化，以便快速适应煤种变化和负荷变化。

（2）高 pH 值的二级循环在较低的液气比

图 1-11　单塔双循环脱硫装置现场

和电耗条件下，可以保证很高的脱硫效率。低 pH 值的一级循环可以保证吸收剂的完全溶解及很高的石膏品质，并大大提高氧化效率，降低氧化风机电耗。

（3）两级循环工艺延长了石灰石的停留时间，特别是在一级循环中 pH 值很低，实现了颗粒的快速溶解，可以实现使用品质较差的石灰石并较大幅度地提高石灰石颗粒度，降低磨制系统电耗。

（4）由于吸收塔中间区域设置有烟气流场均流装置，较好地满足了烟气流场均匀性要求，所以能够达到较高的脱硫效率和更好的除雾效果，减少粉尘的排放，从而减轻"石膏雨"的产生。

（5）克服了单塔单循环技术液气比较高、浆池容积大、氧化风机压头高的缺点，也克服了双塔串联工艺设备占地面积大、系统阻力大和投资高的缺点。

单塔双循环脱硫技术拥有众多燃用高硫分煤种机组的应用业绩，目前应用项目中最高设计入口 SO$_2$ 浓度已达到 10000mg/m^3 以上，且由于实现了 pH 值在氧化和吸收环节的彻底分级，实际运行效果往往要优于设计值（见表 1-5）。

表 1-5　　　　　　　典型单塔双循环脱硫技术运行情况（ZQ 电厂 1 号）

项　　目	设计值	实际值
入口 SO$_2$ 浓度（mg/m^3）	3594	2527
出口 SO$_2$ 浓度（mg/m^3）	50	22
脱硫效率（%）	98.6	99.1
第一循环（下循环）pH 值	4.6～5.0	5.1
第二循环（上循环）pH 值	5.8～6.4	5.8
喷淋层配置	2+4	2+2

7. 双塔双循环脱硫技术

双塔双循环脱硫技术是在现有吸收塔前面或后面串联一座吸收塔，可以利用原吸收塔为一级塔，新建二级串联塔；或将原吸收塔作为二级塔，新建一级塔（见图 1-12 和图 1-13）。

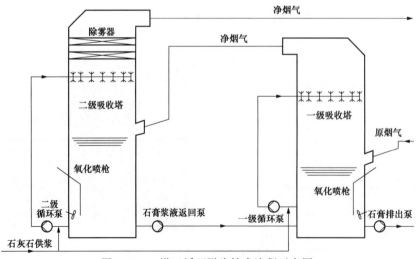

图 1-12　双塔双循环脱硫技术流程示意图

双塔双循环脱硫技术中两座吸收塔内脱硫过程均为独立的化学反应，假如一、二级塔运行脱硫效率分别为 90%、90%，则总脱硫效率即可达到 99%，可以实现极高的脱硫效率。同时，双塔双循环脱硫技术的效果并不局限于单纯两座吸收塔的叠加。由于其可以实现彻底的 pH 值分级，一级吸收塔侧重氧化，控制 pH 值在 4.5～5.2 之间，便于石膏氧化结晶；二级吸收塔侧重吸收，控制 pH 值在 5.5～6.2 之间，便于 SO$_2$ 的深度处理，可以分别强化吸收和氧化结晶过程，从而取得更高的脱硫效率和石膏品质。

图 1-13 某电厂双塔双循环脱硫装置现场图

（1）脱硫效率。通过对 11 台应用双塔双循环脱硫技术的机组进行统计分析，统计机组的设计脱硫效率和实际运行效率平均值分别为 99.05% 和 99.47%，实际运行效率要优于设计效率，大部分烟气脱硫装置运行效率甚至在 99.5% 以上（见图 1-14 和图 1-15）。

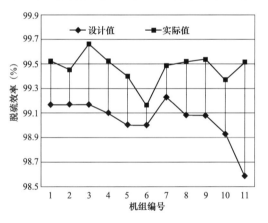

图 1-14 设计脱硫效率与实际值

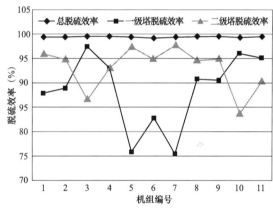

图 1-15 总脱硫效率与一、二级塔脱硫效率

（2）系统阻力。双塔双循环系统新增吸收塔及烟道系统阻力一般增加 1200～1800Pa。上述统计脱硫装置设计系统阻力在 3500～4000Pa 之间，实际运行阻力平均值为 2571Pa，最大值为 3400Pa，远低于设计值，相应风机电耗也大大降低。

（3）氧化空气系统。上述统计机组脱硫装置中一、二级塔均设置有单独的氧化风机，但从实际运行来看，由于二级塔脱硫量较少，氧化风量需求量不大，所以大部分机组二级塔氧化风机间断性运行，主要靠一级塔完成氧化过程。

按照 pH 值分级的理念，二级塔运行时应以吸收过程为主，运行时宜维持高 pH 值。氧化风需求量不大，在后续设计优化时二级塔可以不单设氧化风机，仅设置氧化空气分配管，氧化空气从一级塔氧化风机引接，中间设置调节阀门，从而降低亚硫酸钙生成并发生结垢的可能性。

（4）协同除尘。双塔双循环脱硫技术的协同除尘效果要明显好于单塔系统，但仍有优化空间。对于改造项目，考虑到新增吸收塔可以按照高效协同除尘一体化吸收塔设计，应优先考虑将新增吸收塔作为二级塔。吸收塔设计时建议开展数模与物模工作，确保吸收塔内流场合理，同时通过控制吸收塔内烟气流速（一般不超过 3.5m/s）、选用高性能喷嘴确保喷淋层有足够的覆盖率（一般在 300%以上）、选用高性能除雾器等手段，确保脱硫后直接实现烟尘超低排放。

双塔双循环脱硫技术由于其脱硫效率高、设计裕量大等特点，是早期燃用高硫分煤种地区脱硫装置实施超低排放改造方案的首选，在国内拥有众多业绩，目前已有不少入口 SO_2 浓度超过 10000mg/m³ 的超低排放改造投运案例。但同时由于其需要新增一座吸收塔及相应配套设备，对于改造场地要求高、建设成本高，对于改造场地受限、经营情况不佳的机组其应用往往受限（见表 1-6）。

表 1-6 典型双塔双循环脱硫技术运行情况

名称	机组容量（MW）	循环泵配置	实际运行台数	设计入口SO_2浓度（mg/m³）	设计出口SO_2浓度（mg/m³）	设计效率（%）	实际入口SO_2浓度（mg/m³）	实际出口SO_2浓度（mg/m³）	一级塔效率（%）	二级塔效率（%）	实际效率（%）	运行 pH 值（一级塔/二级塔）
A1	1×145	4+3	2+3	6000	50	99.17	5677	31	88.85	94.99	99.45	5.9/5.8
A2	1×145	4+3	2+3	6000	50	99.17	7026	24	97.44	86.67	99.66	5.4/5.9
A3	1×300	4+3	3+3	6500	50	99.23	5284	27	75.23	97.94	99.49	5.0/5.6
A4	1×300	4+3	3+3	6000	50	99.17	6474	31	87.87	96.05	99.52	5.5/5.6
B3	1×670	5+3	5+2	5583	50	99.10	5407	26	93.12	93.01	99.52	4.8/5.2
C1	1×300	4+3	2+3	5000	50	99.00	4305	26	75.62	97.51	99.40	5.4/5.9
C2	1×300	4+3	2+3	5000	50	99.00	4186	35	82.8	95	99.16	5.2/6.1
D1	1×350	4+3	4+1	3800	35	99.08	3353	16	90.9	94.75	99.52	5.6/5.7
D2	1×350	4+3	4+1	3800	35	99.08	3686	17	90.69	95.04	99.54	5.7/5.8
E5	1×330	4+3	4+3	4681	50	98.93	4129	26	96.15	83.65	99.37	5.4/5.3
F4	1×300	4+3	4+3	7100	100	98.59	5279	26	94.93	90.44	99.51	5.4/5.3

8. 薄膜持液层托盘塔技术

薄膜持液层托盘塔技术，应用双段吸收理论，吸收塔入口以上托盘及喷淋层为第一段吸收，采用常规托盘塔技术，pH 值控制在 5.0～5.4 之间；喷淋层以上的薄膜持液层作为第二段吸收，薄膜持液层采用的是新鲜的石灰石浆液，pH 值可达到 6.0～6.4。薄膜持液层上的石灰石浆液与烟气接触后通过专门的溢流装置进行收集，然后排入浆液再循环箱。由于浆液不是通过薄膜持液层下部漏入吸收塔内的，所以浆液与烟气接触更加充分，且单位体积的浆液能够溶解更多 SO_2，在降低能耗的条件下达到排放指标要求。

薄膜持液层托盘塔技术同样采用双循环吸收塔 pH 值分级理念，下部第一吸收段能够通过常规喷淋将高的入口 SO_2 浓度降低到 200mg/m³ 左右，同时完成石膏氧化结晶；上部第二吸收段作为精处理段，在入口 SO_2 浓度为 200mg/m³ 的情况下可以稳定实现出口浓度为 35mg/m³，其独特的结构及灵活的 pH 值控制方式使该段具有极强的反应正向推进性，从而大幅降低液气比，起到节能降耗的作用（见图 1-16）。

薄膜持液层托盘塔技术目前已在 600MW 级机组上得到应用，按照原烟气 SO_2 浓度 5440mg/m³、出口 SO_2 排放浓度不大于 30mg/m³ 设计，系统设计脱硫效率不小于 99.45%，目前已通过性能验收。在 577MW 负荷时，入口 SO_2 浓度为 4488mg/m³ 时，出口 SO_2 浓度为 15.1mg/m³，脱硫效率为 99.66%，实际运行效率优于设计值。

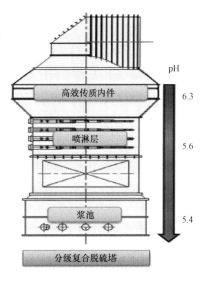

图 1-16　薄膜持液层托盘塔示意图

（三）不同高效脱硫技术的特点

1. SO_2 排放浓度和脱硫效率

通过提高流场均匀性、优化配置设备型号参数等手段，不同高效脱硫技术均能实现 99%以上的脱硫效率，且都具有一定业绩。但相对而言，双循环工艺（单塔双循环、双塔双循环等）由于实现了较为彻底的 pH 值分级，总体而言其设备裕量较大。在运行较长时间后，脱硫系统性能有所下降，仍可以通过调整一、二级塔循环泵组合、pH 值分配等手段，确保脱硫装置长期稳定实现高脱硫效率，其可靠性较高。

考虑长期满足设计效率运行条件，随着脱硫系统性能的衰减（如循环泵效率下降、喷嘴堵塞），单循环工艺（托盘/双托盘塔、旋汇耦合塔、单塔双区、旋流雾化塔等）往往缺乏有效手段进行调节。对于脱硫效率要求长期稳定维持在 99%以上的脱硫机组，其可靠性往往不如双循环工艺。

2. 协同除尘情况

实现脱硫高效协同除尘效果的几个前提条件是：吸收塔内结构合理、吸收塔流速适合（一般在 3.5m/s 左右）、流场均匀、喷淋层覆盖好（覆盖率在 300%以上）、高品质除雾器。

双塔双循环工艺可以考虑在新建串联二级塔设计中充分考虑协同除尘作用，二级塔型式可以选择空塔、托盘塔、旋汇耦合塔等多种型式，同时粉尘经过两次洗涤。因此，其脱硫协同除尘能力要远远高于其他工艺。

托盘/双托盘塔、薄膜持液层托盘塔技术可以显著改善吸收塔内气流分布，其持液层可以提高粉尘与浆液的接触面积，提高洗尘效率。因此，其协同除尘能力要高于喷淋空塔等工艺。

旋汇耦合塔技术通过旋汇耦合器和管束式除尘装置的协同作用，实现对微米级粉尘和细小雾滴的脱除，可以实现 SO_2 和粉尘的协同超低排放。

3. 能耗水平

在实现同等排放指标条件下，双循环工艺（单塔双循环、双塔双循环、薄膜持液层托盘塔技术等）能耗水平较单循环工艺并未有显著提升，虽然双循环脱硫系统阻力较高造成风机电耗偏大，但循环泵电耗有所下降（往往可以减少一台泵的投运，同时可以运行低出力循环泵，总运行液气比显著下降）。同时，其通过一二级塔（或者循环）运行方式调整，适应机组负荷和硫分波动时节能空间更大。

4. 运行控制和经济运行方式

脱硫系统运行控制可以通过探索脱硫机组节能运行方式，总结出不同工况下最佳运行卡片，指导脱硫系统经济运行。

与单循环工艺相比较，双循环工艺（单塔双循环、双塔双循环、薄膜持液层托盘塔技术）运行控制更为复杂，但其调整空间更大，实现高脱硫效率低能耗可以通过调整一二级塔（或者循环）的循环泵配置、pH 值分配、氧化风分配等手段实现。

5. 脱硫副产物问题

单塔双循环、双塔双循环、薄膜持液层托盘塔技术可以实现石膏氧化的最佳 pH 值条件，从而得到较高品质的石膏；单塔双区工艺由于在下部创造了石膏氧化所需的低 pH 值条件，也有利于石膏品质的提升。

6. 场地布置和改造空间条件

双塔双循环工艺占地面积较单循环工艺增加了一倍，单塔双循环工艺占地面积仍较大，仅比双塔双循环工艺节省了联络烟道的空间。对于场地条件紧张的改造项目，这两种工艺实施难度均较高。

托盘/双托盘塔、旋汇耦合塔、单塔双区、旋流雾化塔技术改造主要通过增加喷淋层、塔内增效装置、塔内结构配置优化调整等手段实现，改造对场地要求不高。

三、案例分析

（一）脱硫添加剂提效技术在某高硫煤机组上的应用

GX 电厂一期工程建设 $2 \times 600MW$ 超临界燃煤机组，同步建设两套石灰石-石膏湿法脱硫装置，按一炉一塔配置，未设置烟气换热器（GGH）。脱硫装置设计硫分为 3.54%，入口 SO_2 浓度按 $9062mg/m^3$ 设计，保证脱硫效率不小于 96.2%。由于电厂实际燃煤硫分高于设计值，脱硫装置在燃煤硫分超出设计值范围时脱硫效率不能保证。因此，GX 电厂考虑通过脱硫添加剂来实现脱硫提效，并针对脱硫添加剂的使用效果开展一系列试验研究工作。

该次工作选取 1 号机组，对使用脱硫添加剂前后脱硫效率进行比较，同时对 A、B、C、D、E 五台浆液循环泵在使用添加剂前后的电能消耗进行比较；根据脱硫效率，在保证烟气 SO_2 排放达标的情况下，试停运一台浆液循环泵。

该次试验根据电厂实际情况设计了添加不同浓度脱硫添加剂的工况，并对不同添加浓度时运行五台泵及停运一台浆液循环泵效率进行了对比。具体试验工况安排如表 1-7 所示。

表1-7 脱硫添加剂试验工况安排

工 况	机组负荷（MW）	添加浓度（$\times 10^{-6}$）	运行泵
在线标定	503	0	A/B/C/D/E
工况 1	501	0	A/B/C/D/E
工况 2	498	0	A/B/C/D
工况 3	500	150	A/B/C/D/E
工况 4	502	150	A/B/C/D

续表

工 况	机组负荷（MW）	添加浓度（×10⁻⁶）	运行泵
工况 5	440	250	A/B/C/D
工况 6	498	250	A/C/D
工况 7	494	400	A/B/C/D/E
工况 8	498	550	A/B/C/D/E
工况 9	495	550	A/B/C/D
工况 10	587	500	A/B/C/D/E

注：1. 该次试验在电厂最高负荷情况下进行，加药地点为吸收塔地坑。

2. 加注时间：试验期间每天上午 9：00 左右。

3. 加药量根据脱硫塔浆液量和脱硫添加剂所需浓度计算得出，添加浓度按吸收塔浆液量浓度为 6000m³ 算得。

4. 后续加药量根据脱硫添加剂使用效果、电厂负荷、煤质等情况酌情加入。

不同工况下使用脱硫添加剂前后脱硫装置脱硫效率情况如表 1-8 所示。

表 1-8　　　　　　　　不同脱硫添加剂使用工况下脱硫装置效率情况

工 况 序 号		工况 1	工况 2	工况 3	工况 4	工况 5
原烟气 SO₂ 浓度	mg/m³	11500	10600	10892	12304	9645
净烟气 SO₂ 浓度	mg/m³	368	510	298	630	384
脱硫效率	%	96.8	95.2	97.3	94.9	96.0
工 况 序 号		工况 6	工况 7	工况 8	工况 9	工况 10
原烟气 SO₂ 浓度	mg/m³	9600	11426	10211	10178	10214
净烟气 SO₂ 浓度	mg/m³	525	325	176	212	201
脱硫效率	%	94.5	97.2	98.3	97.9	98.0

工况 1 及工况 2 为未加添加剂的空白对比试验。试验期间，由于煤质原因，入口 SO₂ 浓度基本超出设计值范围。1 号脱硫装置 5 台浆液循环泵正常运行时，脱硫效率为 96.8%，停 E 泵后，脱硫效率降低为 95.2%；加入不同浓度的脱硫添加剂后，脱硫效率有明显提升。当脱硫添加剂浓度达到 550×10⁻⁶ 时，脱硫效率最高，达到 98.3%，停 E 泵后，脱硫效率仍可达到 97.9%，此时可停 1 台浆液循环泵运行。

脱硫系统中浆液循环泵电耗所占比重较大，该次试验主要通过停运 1~2 台浆液循环泵来达到节能降耗的效果。可以看出工况 6 开 3 台浆液循环泵时，电耗最小，但此时脱硫效率较低，达不到环保要求。工况 9 可以看出停运 1 台浆液循环泵，能保证脱硫效率，并且此时脱硫电耗相对较低。综合考虑电耗及脱硫效率，在工况 9 条件下运行最合适。使用脱硫添加剂前后脱硫装置循环泵电流参数如表 1-9 所示。

表 1-9　　　　　　　　不同脱硫添加剂使用工况下循环泵电流参数情况

工 况	A 泵	B 泵	C 泵	D 泵	E 泵	脱硫效率
单位	A	A	A	A	A	%
工况 1	112	102	90	82	108	96.8

工　况	A 泵	B 泵	C 泵	D 泵	E 泵	脱硫效率
单位	A	A	A	A	A	%
工况 2	113	104	91	81	—	95.2
工况 3	113	103	90	82	74	97.3
工况 4	113	104	91	83	—	94.9
工况 5	112	102	88	81	—	96.0
工况 6	114	103	95	—	—	94.5
工况 7	113	103	91	82	74	97.2
工况 8	111	102	91	83	74	98.3
工况 9	112	100	89	83	—	97.9
工况 10	108	100	89	80	71	98.0

以 1 台 600MW 机组为例，使用脱硫添加剂后其系统电耗可下降约 1012.5kWh/h，若运行时间按每年 5500h 计算，可节电 5568750kWh/h，则每年可节约电费 111.38 万元（电价按 0.20 元/kWh 计）。同时，其 Ca/S 亦有所下降，每小时可节约石灰石 0.72t，则每年可节约石灰石费用 118.59 万元（按每吨石灰石 188 元计）。去除使用添加剂的费用 180 万元（按每年使用添加剂 50t，每吨添加剂 3.6 万元计），则每年可产生直接经济效益约 49.97 万元。若 2 台 600MW 机组均使用脱硫添加剂，则每年共可产生直接经济效益 99.94 万元。

（二）托盘/双托盘塔技术在某 300MW 机组上的应用

ZX 电厂 1 号机组为 300MW 机组，原脱硫系统采用石灰石-石膏湿法脱硫工艺、一炉一塔配置，设计脱硫效率大于 95%，脱硫吸收剂采用石灰石，脱硫装置不设置 GGH，吸收塔内设置 4 层喷淋层。设计煤种含硫量为 1.5%，烟气进口 SO_2 浓度为 3506mg/m^3（标准状态、干基、6%O_2），脱硫效率大于 95%，出口 SO_2 浓度小于 175.3mg/m^3（标准状态、干基、6% O_2）。

该次超低改造按控煤措施进行，设计煤种收到基硫为 1.3%，FGD 入口 SO_2 浓度为 3000mg/m^3（标准状态、干基、6%O_2），要求出口排放浓度不大于 35mg/m^3（标准状态、干基、6%O_2），吸收塔脱硫效率不小于 98.84%。脱硫装置改造设计入口烟气条件如表 1-10 所示。

表 1-10　　　　　ZX 电厂 1 号机组脱硫装置改造设计入口烟气条件

项　　目	单位	入口参数	备　　注
烟气量	m^3/h	1159640	标准状态、干基、6%O_2
烟气量（湿基）	m^3/h	1198967	标准状态、湿基、实际 O_2
FGD 工艺设计烟温	℃	120	
H_2O	%（体积）	7	标准状态、湿基、实际 O_2
O_2	%（体积）	5.4	标准状态、干基、实际 O_2

项　　目	单位	入口参数	备　　注
N_2	%（体积）	83	标准状态、干基、实际 O_2
CO_2	%（体积）	11.5	标准状态、干基、实际 O_2
SO_2	%（体积）	0.0979	标准状态、干基、实际 O_2
SO_2	mg/m³	3000	标准状态、干基、6%O_2
SO_3	mg/m³	150	标准状态、干基、6%O_2
HCl	mg/m³	80	标准状态、干基、6%O_2
HF	mg/m³	25	标准状态、干基、6%O_2
烟尘	mg/m³	40	标准状态、干基、6%O_2

　　通过工艺计算，并结合 ZX 电厂 1 号机组现有场地条件，提出 ZX 电厂 1 号机组脱硫超低排放改造方案为合金托盘塔方案。即在现有最下层增加 1 层合金托盘，在现有最上层喷淋层增加 1 层喷淋层，更换现有最上层喷淋层，在所有喷淋层下方增加聚气环，形成"5层喷淋层＋1 层合金托盘"配置。

　　改造主要内容如下：

　　（1）在原吸收塔最高扬程的喷淋层上方增加 1 层喷淋层，并将原最高喷淋层更换为流量更大的喷淋层，共设置 5 层喷淋层。对应新增 1 台浆液循环泵，流量为 7000m³/h，扬程为 27.7mH_2O。更换原最高扬程的浆液循环泵，流量为 7000m³/h，扬程为 25.7mH_2O。喷淋层的喷嘴流量采用 50m³/h 的原装进口双头空心锥喷嘴，喷淋覆盖率不小于 300%。改造后每塔配置 5 层喷淋层，对应的 5 台浆液循环泵，改造后浆液循环泵流量为 3×5000＋2×7000m³/h，扬程分别为 19.7、21.7、23.7、25.7、27.7m。吸收塔液气比 L/G 为 22.8。

　　（2）在最底层喷淋层下方设置 1 层托盘，采用 2205 材质。

　　（3）每层喷淋层下方塔壁设置聚气环，采用 2205 材质。

　　（4）循环浆液停留时间按 3.5min 设计，现有浆池容积无法满足改造后的需要，考虑加高浆池。改造后浆池液位高度为 15.0m，浆池抬高 4.05m。

　　（5）拆除原有两级屋脊式除雾器，更换为两级屋脊式除雾器和一级管式除雾器；同时将最顶层喷淋层与除雾器之间拉开 2m 的间距，有效降低雾滴含量。

　　（6）因浆池抬升，对现有氧化空气管抬升。因原有氧化风机裕量较大，且 O/S 较高，该次改造液位抬升后同步对氧化空气管网也抬升 4.05m，氧化风机压头与原有一样，能够满足改造后的要求。

　　（7）现有石膏排出系统利旧。

　　ZX 电厂 1 号机组脱硫装置超低排放改造工程于 2016 年 10 月停机改造，12 月中旬完成 168h 试运，并于 2016 年 4 月完成性能考核试验工作。实测脱硫效率为 98.98%，其余各项指标基本达到设计值要求。表 1-11 所示为 ZX 电厂 1 号机组脱硫装置超低排放改造工程性能考核试验的结果汇总。

表 1-11　　　　　　**ZX 电厂 1 号机组脱硫装置性能考核试验结果汇总**

项　　目		单位	保证值/设计值	结果
脱硫装置烟气量（标准状态、干基、$6\%O_2$）		m^3/h	1159640	1206237
原烟气	温度	℃	120	138
	SO_2 浓度（标准状态、干基、$6\%O_2$）	mg/m^3	3000	2614
	烟尘浓度（标准状态、干基、$6\%O_2$）	mg/m^3	≤90	57.3
净烟气	温度	℃	≥48	53
	SO_2 浓度（标准状态、干基、$6\%O_2$）	mg/m^3	≤35	30.6（折算后）
	烟尘浓度（标准状态、干基、$6\%O_2$）	mg/m^3	≤27	24.8
脱硫效率		%	>98.85	98.98
石灰石消耗量		t/h	≤6.52	6.26
水耗量		t/h	≤58.5	47.9
FGD 装置电耗		kW	≤4780.75	2988
FGD 装置总压损		Pa	≤2800	2220

（三）旋汇耦合塔技术在某 220MW 机组上的应用

LK 电厂 6 号机组为 220MW 机组，原脱硫装置采用石灰石-石膏法，设有 4 层喷淋层，设计入口 SO_2 浓度为 3404mg/m³（标准状态、干基、$6\%O_2$），要求出口排放浓度小于 50mg/m³（标准状态、干基、$6\%O_2$），脱硫效率不低于 98.53%。

该次超低排放改造 FGD 入口 SO_2 浓度按 3404mg/m³（标准状态、干基、$6\%O_2$）考虑，要求出口排放浓度不大于 35mg/m³（标准状态、干基、$6\%O_2$），脱硫效率不小于 98.98%。脱硫装置改造设计入口烟气条件如表 1-12 所示。

表 1-12　　　　　　**LK 电厂 6 号机组脱硫装置改造设计 FGD 入口烟气条件**

项　　目	单位	数据	备　　注
烟气量（湿基）	m^3/h	929438	标准状态、湿基、实际 O_2
烟气量（干基）	m^3/h	810950	标准状态、干基、$6\%O_2$
FGD 工艺设计烟温	℃	100	
H_2O	%（体积）	9.49	标准状态、湿基、实际 O_2
O_2	%（体积）	6.54	标准状态、干基、实际 O_2
N_2	%（体积）	71.63	标准状态、干基、实际 O_2
CO_2	%（体积）	11.37	标准状态、干基、实际 O_2
SO_2	%（体积）	0.099	标准状态、干基、实际 O_2
SO_2	mg/m^3	3404	标准状态、干基、$6\%O_2$
SO_3	mg/m^3	70	标准状态、干基、$6\%O_2$
HCl	mg/m^3	47	标准状态、干基，$6\%O_2$
HF	mg/m^3	5	标准状态、干基、$6\%O_2$
烟尘	mg/m^3	40	标准状态、干基、$6\%O_2$

LK 电厂 6 号机组考虑该次脱硫装置提效改造中一并进行协同除尘改造，目前除尘器出口排放浓度在 40mg/m³ 以下，为实现烟囱入口 SO_2 浓度、粉尘浓度分别不高于 35、5mg/m³ 的目标值，同时考虑到现有机组改造空间受限，最终确定了脱硫超低排放改造方案为旋汇耦合塔方案。即现有吸收塔入口烟道与最低层喷淋层之间布置一套旋汇耦合器，除雾器拆除并布置一套管束式除尘装置，形成"四层喷淋层＋一层旋汇耦合器＋一层管束式除尘装置"配置。

改造主要内容如下：

（1）现有吸收塔入口烟道顶部与最低层喷淋层之间距离 3.53m，满足旋汇耦合器安装要求，在该部分布置一层旋汇耦合器，直径为 10m。

（2）考虑将现有两级屋脊式除雾器拆除，拆除位置布置管束式除尘装置，管束式除尘装置按照出口粉尘浓度不高于 5mg/m³ 来设计。

（3）现有喷淋层、浆液循环泵全部利旧考虑。

（4）改造后现有吸收塔浆池区直径、吸收区直径和吸收塔高度不做改变。

（5）吸收塔出口 SO_2 浓度由 50mg/m³ 降低至 35mg/m³，变化量很小，经核算，现有氧化风机、石膏排出泵满足改造要求，该次改造利旧。

（6）其余设备均作利旧考虑。

LK 电厂 1 号机组脱硫装置超低排放改造工程于 2016 年 4 月停机改造，6 月完成 168h 试运，并于 2016 年 9 月完成性能考核试验工作。实测脱硫效率为 99.12%，除尘效率为 88.79%，通过脱硫装置同步实现脱硫除尘协同超低排放。表 1-13 所示为 LK 电厂 6 号机组脱硫装置超低排放改造工程性能考核试验的结果汇总。

表 1-13　　　　　　　LK 电厂 6 号机组脱硫装置性能考核试验结果汇总

项　　目		单位	保证值/设计值	结果
脱硫装置烟气量（标准状态、湿基、实际 O_2）		m³/h	929438	892540
原烟气	温度	℃	157	121
	SO_2 浓度（标准状态、干基、6%O_2）	mg/m³	3404	3054
	烟尘浓度（标准状态、干基、6%O_2）	mg/m³	50	40.3
净烟气	温度	℃	≥54	54
	SO_2 浓度（标准状态、干基、6%O_2）	mg/m³	≤35	29.9（折算后）
	烟尘浓度（标准状态、干基、6%O_2）	mg/m³	<5	4.5
脱硫效率		%	≥98.98	99.12
除尘效率		%	—	88.79
石灰石消耗量（干态）		t/h	≤5.45	5.02
水耗量		t/h	≤60	50.8
FGD 装置电耗（6kV 馈线处）		kW	≤5082	4509
压力损失	吸收塔（包括除雾器）	Pa	—	4078
	管束式除尘除雾装置	Pa	<450	270
除雾器出口烟气携带的水滴含量（标准状态、干基、6%O_2）		mg/m³	<30	25.23

（四）双塔双循环技术在某 660MW 机组上的应用

PC 电厂 5 号机组为 660MW 机组，原脱硫装置采用石灰石-石膏法，设 GGH，吸收塔内设置 4 层喷淋层。设计煤种含硫量为 2.9%，烟气进口 SO_2 浓度为 6522mg/m³（标准状态、干基、6%O_2），脱硫效率大于 95%，出口 SO_2 浓度小于 326mg/m³（标准状态、干基、6%O_2）。

该次超低排放改造脱硫装置设计入口 SO_2 浓度沿用原设计值，仍为 6522mg/m³（标准状态、干基、6%O_2），要求出口排放浓度不大于 35mg/m³（标准状态、干基、6%O_2），脱硫效率不小于 99.46%。脱硫装置改造设计入口烟气条件如表 1-14 所示。

表 1-14　　　　　　　PC 电厂 5 号机组脱硫装置改造设计入口烟气条件

项　目	单位	数据	备　注
烟气量	m³/h	2216520	标准状态、干基，实际 O_2
烟气量（湿基）	m³/h	2394360	标准状态、湿基，实际 O_2
FGD 工艺设计烟温	℃	123	
H_2O	%（体积）	7.43	标准状态、湿基，实际 O_2
O_2	%（体积）	6.3	标准状态、干基，实际 O_2
N_2	%（体积）	80.425	标准状态、干基，实际 O_2
CO_2	%（体积）	13.05	标准状态、干基，实际 O_2
SO_2	%（体积）	0.225	标准状态、干基，实际 O_2
SO_2	mg/m³	6522	标准状态、干基、6%O_2
SO_3	mg/m³	100	标准状态、干基、6%O_2
HCl	mg/m³	50	标准状态、干基、6%O_2
HF	mg/m³	25	标准状态、干基、6%O_2
烟尘	mg/m³	30	标准状态、干基、6%O_2

根据 PC 电厂 5 号机组脱硫现状，因脱硫效率需达到 99.46%，同时电厂煤质存在进一步恶化的风险，从可靠性角度最终确定了脱硫超低排放改造方案为双塔双循环方案。即将 GGH 拆除，在拆除的位置布置吸收塔，布置后原吸收塔作为一级吸收塔，新增吸收塔作为二级吸收塔；同时充分考虑脱硫的协同除尘作用，新增二级吸收塔配置两层喷淋层＋一层合金托盘，并提高喷淋层、除雾器配置。

新增二级塔部分主要改造内容如下：

（1）新增吸收塔直径为 18.1m，吸收塔高 36.12m。新增吸收塔浆池区直径为 18.1m，吸收区直径为 18.1m。每塔配置 2 层喷淋层＋1 层合金托盘。对应的 2 台浆液循环泵的流量为 2×9000m³/h，扬程分别为 20.2、22.4mH₂O。吸收塔液气比 L/G 为 7。为保证循环泵的运行液位和操作裕量，设置循环泵浆液停留时间按 6min 考虑。

（2）新增加吸收塔喷淋层下方装设聚气环，聚气环材质采用碳钢外衬 2205。

（3）托盘设置在二级吸收塔进口烟道和底层喷淋层之间，选用 2205 材质。

（4）为实现粉尘的协同脱除，喷淋层的喷嘴流量采用优质双头空心锥喷嘴，喷淋覆盖率按照不小于 300%设计。为确保质量，喷淋支管和喷嘴模块化制作。

（5）二级塔不单独设置氧化风机，氧化风由原吸收塔配置的三台氧化风机管道引接，中间设置手动开关阀，根据运行情况调整阀门开度。

（6）按照二级吸收塔出口雾滴含量不超过 20mg/m³ 控制，二级吸收塔设置三级屋脊式除雾器，选用优质高效产品。

（7）改造后，将现有一级塔石膏排浆泵移用在新增二级吸收塔上，用于石膏浆液的排出。

PC 电厂 5 号机组脱硫装置超低排放改造工程于 2016 年 5 月停机改造，7 月完成 168h 试运，并于 2016 年 10 月完成性能考核试验工作，实测脱硫效率为 99.50%，除尘效率为 76.68%，通过脱硫装置同步实现脱硫除尘协同超低排放。表 1-15 所示为 PC 电厂 5 号机组脱硫装置超低排放改造工程性能考核试验的结果汇总。

表 1-15　　　　PC 电厂 5 号机组脱硫装置性能考核试验结果汇总

项　　目		单位	保证值/设计值	结果
脱硫装置烟气量	标准状态、干基、6%O₂	m³/h	2172190	1998088
	标准状态、湿基、实际 O₂	m³/h	2394360	1999041
原烟气	温度	℃	123	140
	SO₂浓度（标准状态、干基、6%O₂）	mg/m³	6522	6164
	烟尘浓度（标准状态、干基、6%O₂）	mg/m³	≤30	41.6
净烟气	温度	℃	≥50	50
	SO₂浓度（标准状态、干基、6%O₂）	mg/m³	≤35	32.7（折算后）
	烟尘浓度（标准状态、干基、6%O₂）	mg/m³	≤10	9.7
脱硫效率		%	99.47	99.50
石灰石消耗量（干态）		t/h	≤25.3	24.9
FGD 装置电耗（6kV 馈线处）		kW	≤11731	6560
FGD 装置总压损		Pa	—	2812
工艺水耗量		t/h	142	131.6

四、小结

实现高效脱硫的技术关键在于如何降低 SO_2 吸收阻力，从而实现用较少的液气比实现较高脱硫效率。其主要实施措施包括提高石灰石消溶速率、提高浆液 pH 值、提高流场均匀性、增强气液紊流效果等。脱硫添加剂提效技术可以显著提高石灰石消溶速率，缓冲浆液 pH 值，从而提高 SO_2 脱除效率。

高 pH 值利于吸收，低 pH 值利于氧化，单塔双区技术、单塔双循环技术、双塔双循环技术等高效脱硫技术通过设置吸收和氧化不同的 pH 值分区或循环，确保吸收和氧化反应都能实现较为理想的效果，从而有效降低液气比，提高脱硫效率。

托盘/双托盘塔技术、旋汇耦合塔技术、旋流雾化塔技术、薄膜持液层托盘塔技术等技术通过塔内设置高效均流装置、高效雾化喷嘴等措施，可以提高流场均匀性，增强气液紊流效果，提高传质速率，进而提高脱硫接触反应效率，有效降低液气比。

2

湿法脱硫除雾器技术

一、背景

湿法脱硫是燃煤烟气脱硫的主流技术之一，除雾器是湿法脱硫系统中的关键设备，承担拦截反应后烟气中携带的雾滴、颗粒物等作用，可以减轻下游设备腐蚀、环境污染（如"石膏雨"现象）等。研究表明，除雾器性能的优劣直接影响到脱硫系统能耗，甚至影响到整个机组的安全稳定运行。目前，燃煤发电机组脱硫系统旁路烟道基本全部拆除，因此除雾器性能对脱硫系统及机组的稳定运行至关重要。

除雾器根据工作原理不同，可划分为机械除雾器和静电除雾器。静电除雾器属于湿式静电除尘器范畴，本部分不对静电除雾器进行介绍。机械除雾器的型式主要包括屋脊式、平板式、管式，以及它们相互组合的型式（以下统称为折流板式除雾器）；随着烟气超低排放改造技术发展，近年来出现了管束式、冷凝式、声波团聚式等新型高效除雾器。本部分主要介绍折流板式和新型高效除雾器的相关内容。

二、湿法脱硫除雾器技术分析

（一）折流板式除雾器

1. 折流板式除雾器工作原理

折流板式除雾器通常布置在吸收塔内或净烟气烟道内，主要依靠重力和惯性作用实现对烟气中雾滴、颗粒物等物质的脱除如图 2-1 所示。烟气以一定速度进入除雾器通道，烟气流线随着通道弯曲程度改变。粒径较小的雾滴、颗粒物等物质的气流跟随性较好，随着烟气离开除雾器；粒径较大的雾滴、颗粒物等物质撞击、黏附到除雾器叶片表面。大量被捕捉到叶片表面上的雾滴聚集成水膜，在重力和冲洗水的作用下，实现雾滴、颗粒物等物质的脱除。

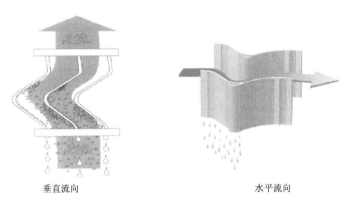

垂直流向　　　　　　　　水平流向

图 2-1　折流板式除雾器工作原理图

2. 折流板式除雾器的结构型式和布置方式

除雾器叶片是除雾器最基本、最重要的组成单元，除雾器叶片的结构型式及其通道间距（如图 2-2 所示）对除雾器性能具有重要意义。为提高雾滴脱除效率，不同学者对叶片结构进行了研究，如加装钩片的除雾器比普通除雾器的除雾效果更佳，钩片长度也是影响除雾器性能的因素之一。不同除雾器厂家研究发现，调整除雾器的叶片间距、通道数量对其性能也有很大影响。通常叶片间距有 25、28、30mm 等多种间距型式，通道有 2 通道、3 通道等型式。

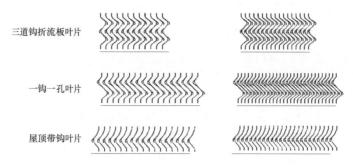

图 2-2　除雾器的不同结构型式

针对不同工程自身的特点，除雾器布置型式通常有平板式（可水平布置也可垂直布置）和屋脊式两种，屋脊式又包括人字型、V 型、X 型等（如图 2-3 所示）。这几种布置形式在湿法脱硫系统中都有应用。平板式垂直布置时，除雾器通常放置在吸收塔出口的水平烟道上。

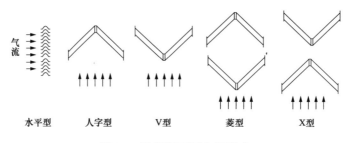

图 2-3　除雾器不同布置型式

3　折流板式除雾器布置空间要求

研究表明，空塔流速、叶片结构、叶片间距及叶片型式都会影响除雾器性能。实际运行调研发现，除雾器厂家设计冲洗水量通常留有较大裕量，为满足脱硫系统的水平衡要求，实际运行中除雾器冲洗水量一般低于设计值。但部分湿法脱硫系统的吸收塔在设计时，为降低成本，最高层喷淋层至除雾器底部距离较小（如 0.9m），反应后的产物仅靠重力作用无法回落至浆池，而是大部分被烟气携带至除雾器表面，随着运行时间增长，可能会出现除雾器结垢现象。因此，除雾器底部与最高层喷淋层间距也很重要。

针对燃煤机组超低排放改造，除考虑加大该部分空间外，通常也考虑增加最高层喷淋层至出口烟道底部的间距，这样可以进一步增加烟气的停留时间，对烟尘协同脱除也有一定效果。通常除雾器厂家建议最高层喷淋层至除雾器底部之间的距离至少为 2m，除雾器顶部至出口烟道底部之间的距离为 1～2m。考虑提高吸收塔在协同洗尘方面的可靠性和稳定性，最高层喷淋层至除雾器的底部空间也可为 3m，除雾器顶部至出口烟道的底部空间为 3.5m。

4. 折流板式除雾器冲洗水系统

折流板式除雾器的冲洗主要依靠除雾器冲洗水泵将冲洗水通过管路送至各个冲洗喷嘴处，在一定压力下，实现除雾器表面的冲洗。一般情况下，除雾器冲洗系统有如下特点：

（1）除雾器冲洗水水质对除雾器影响较大。如在冲洗水中含颗粒物较多的情况下，可能造成除雾器堵塞或导致出口颗粒物排放浓度超标；冲洗水中氯离子含量较大时，可能会造成脱硫系统废水排放量加大等。因此，通常除雾器冲洗水采用水质较好的工艺水。

（2）通常折流板式除雾器单次冲洗水耗量较大。为保证除雾器叶片的冲洗效果，防止叶片结垢、堵塞，一级除雾器设置两层冲洗水。一层冲洗水根据吸收塔直径大小布置不同数量的阀门，且阀门控制逻辑为依次开启不同阀门，造成单次冲洗的时间较长，故单次冲洗水耗量较大。

（3）采用间断性冲洗方式，早期的除雾器冲洗一方面满足吸收塔运行液位要求，另一方面防止除雾器发生结垢、堵塞现象，进而影响脱硫系统、机组的安全稳定运行。随着国家环保政策要求越来越严格，燃煤机组逐步实现污染物超低排放，除雾器性能优劣对烟尘排放有一定影响。调研超低排放下燃煤机组除雾器冲洗水情况，发现部分电厂为保证烟尘超低排放指标要求，增加了冲洗频率，造成脱硫系统水平衡破坏、废水外排量大等问题。

（4）除雾器冲洗喷嘴性能及冲洗水压对除雾器性能有重要影响。冲洗喷嘴的扩散角越大，喷射覆盖面积相对就越大，但其执行无效冲洗的比例也随之增加。喷嘴的扩散角越小，覆盖整个除雾器断面所需的喷嘴数量就越多。喷嘴扩散角的大小主要取决于喷嘴的结构，与喷射压力也有一定的关系，在一定条件下压力升高，扩散角加大。喷嘴扩散通常设定在75°～90°范围内。另外冲洗水压不宜过高，尤其是向下冲洗的喷嘴，否则容易发生飞溅而使烟气含湿量增高。一般冲洗水压为 0.2～0.3MPa，具体水压应根据喷嘴性能及其与气水分离器的距离来确定。

5. 折流板式除雾器新产品简介

为保证脱硫系统出口雾滴指标满足性能要求，减少颗粒物等物质携带，折流板式除雾器通常采用多级屋脊式、管式及平板式除雾器组合型式，除雾器本体占据空间较大，冲洗水量较多。为尽量降低除雾器的安装空间，减少冲洗水量，同时满足除雾器雾滴、阻力等性能指标要求，目前研制出了一种新型折流板式除雾器如图 2-4 所示。

该新型除雾器主要有以下特点：

（1）新型除雾器本体高度仅为 3.7m，可以节省吸收塔高度空间。

（2）理论上吸收塔内 6.5m 高度可以满足新型除雾器安装要求（不含变径段）。

（3）除雾器冲洗水耗量相对常规三级屋脊式除雾器可节省 20%～30%。

图 2-4　新型折流板式除雾器

（4）通过调整除雾器叶片，可以实现两级新型除雾器具有三级屋脊式除雾器性能。

（二）管束式除雾器

1. 管束式除雾器简介

管束式除雾器是近年来伴随超低排放改造技术发展应运而生的一种新型除雾器。管束

式除雾器由多个管束单元模块化而成，管束单元是管束式除雾器最基本、最重要的部件，主要由分离器、导流环、管束单元筒体、挡水环、冲洗水管路和冲洗喷嘴等部件组成（如图2-5所示）。从布置方式角度考虑，管束式除雾器主要分为立式和卧式两种形式，通常立式管束除雾器布置在吸收塔内部（布置位置与折流板式除雾器相同），卧式管束除雾器布置在水平烟道内。从对烟气流速可调性的角度，管束式除雾器分为可调节管束式除雾器和常规管束式除雾器。燃

图 2-5 管束单元结构及外观图

煤机组中的管束式除雾器主要应用于超低排放改造湿法脱硫系统。

2. 管束式除雾器工作原理

管束式除雾器主要依靠离心力、惯性力及重力作用实现烟气中雾滴、颗粒物等物质的分离。烟气进入管束单元后，在分离器的作用下，烟气产生高速离心运动，在离心力和惯性力作用下不同粒径的雾滴、颗粒物相互混合、团聚，形成的粒径较大雾滴、颗粒物，撞击、黏附到筒体内壁，形成烟气与雾滴、颗粒物等物质的一次分离。粒径较小的雾滴、颗粒物随着烟气进入导流环后，流速进一步增加使得离心力作用增强，在离心力和惯性力作用下烟气与雾滴、颗粒物等物质进一步分离。在多级分离后，洁净的烟气离开管束式除雾器。

3. 管束式除雾器布置空间要求

为满足烟气超低排放的限值要求，吸收塔协同洗尘效果越来越受到重视。管束式除雾器对烟尘的脱除具有关键作用，因此吸收塔内管束式除雾器布置空间要求显得尤为重要。

根据吸收塔出口结构的不同，管束式除雾器安装空间略有不同。一般情况下，若吸收塔出口为顶出结构，建议最高层喷淋层中心线至烟道出口底面的距离不低于5.8m；若吸收塔出口为侧出结构，建议最高层喷淋层中心线至烟道出口底面的距离不低于6.3m。同时，建议最高层喷淋层中心线至管束式除雾器底部不低于2m。

4. 管束式除雾器冲洗水系统

管束式除雾器冲洗水系统构成及对冲洗水水质要求与折流板式除雾器基本相同，仅在冲洗水阀门控制方面有所区别。折流板式除雾器冲洗水阀门与除雾器级数匹配，每级除雾器一般设置两层冲洗水；而管束式除雾器冲洗管路布置在管束单元内（如图2-6所示），每个管束单元通常布置一路冲洗水，冲洗水在一定压力作用下喷向筒体内壁，在重力作用下实现管束单元冲洗。管束式除雾器单个阀门可以控制多根管束单元冲洗水管路，因此控制系统相对简单，通常管束式除雾器冲洗水量小时均值相对折流板式除雾器较少。

图 2-6　管束式除雾器冲洗水管路

（三）冷凝式除雾器

1. 冷凝式除雾器简介

冷凝式除雾器是在折流板式除雾器的基础上衍生的、伴随超低排放改造技术发展而来的一种新型除雾器。冷凝式除雾器由高效除雾器、冷凝湿膜离心分离器，以及超精细除雾器、冲洗系统和循环水冷却系统、控制系统组成，如图 2-7 所示。其中高效除雾器包括管式预分离器和两层屋脊式分离器，超精细除雾器由孔钩波纹板式除雾器组成。通常高效除雾器、冷凝湿膜离心分离器及超精细除雾器布置在吸收塔内（布置位置与折流板式除雾器相同），吸收塔外布置循环水冷却系统。

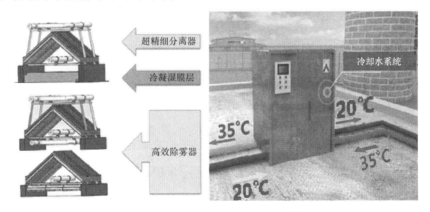

图 2-7　冷凝式除雾器塔内和塔外装置

2. 冷凝式除雾器工作原理

冷凝式除雾器除雾技术基于大气中"雾"的形成原理（如图 2-8 所示）。通过喷淋层后的饱和湿烟气进入冷凝式除雾器，经过冷凝湿膜层的烟气冷却降温，析出冷凝水汽。水汽以细微颗粒物和残余雾滴为凝结核，细微颗粒物和残余雾滴长大，长大的颗粒物和雾滴撞击在波纹板上被水膜湮灭从而被拦截。

饱和湿烟气通过高效除雾器，体积比例为 80%～90% 的雾滴被脱除，残留雾滴为较小粒径颗粒，同时对烟气进行有效整流。烟气进一步通过冷凝湿膜离心分离器降温（烟气温降不大于 1℃），产生大量的水汽（每百万立方米烟气量析出冷凝水量为 2000～5000kg，需按具体工况计算）。产生的水汽以烟尘作为凝结核，残留雾滴和粉尘被大量水汽包裹形成大的液滴。这些长大的液滴通过特殊设计的弯曲流道时，产生很大的离心力，雾滴被甩在覆有一层水膜的波纹板表面上，从而起到拦截粉尘和雾滴的效果。烟气经过超精细分离器后，净烟气中大于 13μm 的液滴 100%被去除分离，小于 10μm 的液滴有 40%～70%被去除分离。

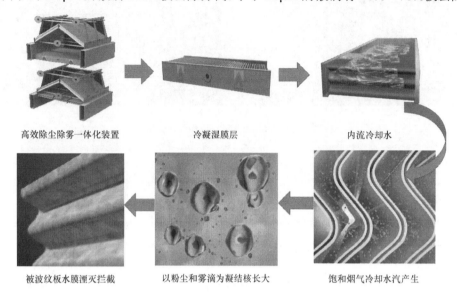

高效除尘除雾一体化装置　　　　冷凝湿膜层　　　　　　内流冷却水

被波纹板水膜湮灭拦截　　　以粉尘和雾滴为凝结核长大　　饱和烟气冷却水汽产生

图 2-8　冷凝式除雾器工作原理图

3. 冷凝式除雾器布置空间要求

冷凝式除雾器通常应用于燃煤发电机组超低排放改造湿法脱硫系统中，在脱硫协同洗尘方面有重要作用。因此，为保证除雾器入口流场的均匀性，使得冷凝式除雾器性能处于最优状态，对其布置空间提出如下要求：一般情况下，无论吸收塔采用顶出还是侧出结构，建议吸收塔内最高层喷淋层中心线至脱硫烟道出口底面的距离不低于 9m；同时冷凝式除雾器入口至最高层喷淋层中心线距离不低于 2.5m。

不同机组塔外循环冷却系统占地空间有所区别：通常对于 200MW 和 300MW 级机组，建议采用单套循环冷却系统，占地空间分别为 11m×4m×4m（长×宽×高）和 12m×4m×4.5m（长×宽×高）；对于 600MW 和 1000MW 级机组，建议设置两套和三套 300MW 级冷却站。

4. 冷凝式除雾器冲洗水系统

冷凝式除雾器冲洗水系统构成及对冲洗水水质要求与折流板式除雾器基本相同，仅在运行方式上有所不同。通常塔内冷凝湿膜分离层下方的高效除雾器冲洗频率和冲洗周期与折流板式除雾器一致，而循环冷却管路上方除雾器冲洗频率降低一半。另外，为保证冷凝湿膜层除雾效果，通常对冷凝湿膜层下方除雾器喷嘴方向调整。由于冲洗水频率的降低，通常冷凝式除雾器冲洗水耗量小时均值低于折流板式除雾器，而高于管束式除雾器冲洗水耗量。

（四）声波团聚式除雾器

1. 声波团聚除雾机理

当对气溶胶施加声场时，气溶胶介质在声波的作用下发生振荡运动。粒径很小的雾滴、颗粒物几乎能够完全跟随气体运动，而粒径很大的雾滴、颗粒物在声波作用下振动幅度很小。不同粒径的雾滴、颗粒物形成相对运动，发生碰撞而团聚成核，如图 2-9 所示。发生团聚的雾滴、颗粒物粒径逐渐变大，在冲洗水和重力的作用下，实现雾滴和颗粒物的协同脱除。

图 2-9　声波团聚除雾器机理

2. 声波团聚式除雾器及其工作原理

声波团聚式除雾器是以声波对雾滴、颗粒物等物质团聚作用为机理发展而来的一种新型高效除雾器，主要由喷雾装置、声波发生装置、管束式除雾器组成，通常可以安装脱硫装置出口烟道或吸收塔内部。烟气中颗粒物通过喷雾装置后形成种子雾滴，携带颗粒物的种子雾滴在声波的作用下，促进超细颗粒物的团聚、长大，最终在除雾器内部通过螺旋分离装置的螺旋绕片。大量细小液滴和颗粒在高速离心运动条件下碰撞概率进一步增大，凝聚成为大液滴，液滴被抛向筒体内壁表面，进而实现烟尘脱除。通常除雾器主要参数如表 2-1 所示。

表 2-1　　　　　　　　　　　管式除雾器主要参数

项目	不同流速下的除雾效率（%）			
	低流速		高流速	
长度（mm）	3~4（m/s）/压差（Pa）	5~6（m/s）/压差（Pa）	8~10（m/s）/压差（Pa）	10~12（m/s）/压差（Pa）
1500	18%/<90	28%/<102	22%/<117	35%/<138
2000	24%/<100	36%/<123	30%/<140	46%/<190
2500	31%/<114	45%/<134	38%/<198	59%/<257
3000	38%/<132	55%/<149	46%/<258	74%/<305
材质		安装位置		
PP		吸收塔上部、脱硫出口净烟道		

3. 声波团聚式除雾器布置方式

声波团聚式除雾器主要分为吸收塔内和脱硫系统出口净烟道两种布置方式，如图 2-10 所示。

（五）除雾器性能及冲洗水系统主要参数

1. 除雾器出口雾滴含量

对于燃煤机组湿法脱硫工程而言，除雾器后烟气中的雾滴含量是衡量除雾性能的重要指标之一。早期对湿法脱硫吸收塔协同洗尘效率要求较低，通常除雾器后烟气中雾滴含量按照不高于 $75mg/m^3$（标准状态、干基、$6\%O_2$）设计。对于超低排放改造而言，考虑到烟尘超低排放限值的要求，根据实际工程自身特点，在不考虑脱硫出口进一步增设烟气净化装置(如湿式静电除尘器)的情况下,通常除雾器后雾滴含量按照不高于30mg/m³设计。

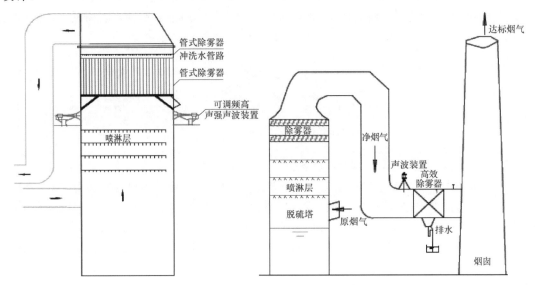

图 2-10 声波团聚式除雾器布置方式

2. 除雾器压降

除雾器压降是表征除雾器性能优劣的重要指标之一。除雾器压降越大,烟气系统能耗越高,原则上满足除雾器出口雾滴含量要求的前提下,除雾器压降越低越好。除雾器压降大小主要与烟气流速、除雾器的结构及烟气带水负荷等因素有关。通常在除雾器运行良好的条件下,管束式除雾器和冷凝湿除雾器压降要高于折流板式除雾器。实际上由于流场不稳定等原因,很难做到塔内除雾器压降准确测量。一般情况下,塔内除雾器压降变化可以依靠分散控制系统(DCS)在线监测方式获取,作为运行人员的参考。

3. 空塔流速

空塔流速也是影响除雾器性能的重要指标之一,流速过高可能造成除雾器内烟气流速高于临界流速,造成雾滴的二次夹带,降低除雾效率,同时增加除雾器压降,导致系统能耗增加;流速过低可能造成除雾器内烟气流速较小,惯性力较小,不利于烟气和雾滴的分离,也会降低除雾效率。对于燃煤机组超低排放改造而言,除雾器有时作为烟尘脱除的最后一道屏障,其性能对吸收塔的洗尘效果有很大影响。因此,空塔流速也会影响烟尘的排放浓度,建议超低排放改造中空塔烟气流速以3.5m/s左右为宜,也可以根据实际工程特点调整空塔流速。

4. 除雾器冲洗水泵流量

除雾器冲洗水量由除雾器厂家提供,根据所需除雾器冲洗水量取一定裕量作为除雾器冲洗水泵选型依据。以屋脊式除雾器为例,除雾器单层冲洗水一般设置多跨(列),考虑最长一跨(列)除雾器冲洗水量,估算如下:假定单个喷嘴流量为 1.68m³/h,最长跨为12m,该跨布置喷嘴数量为 70 个,因此瞬间最大冲洗水量为 $1.68 \times 70 \approx 118$(m³/h);假定除雾器冲洗水泵流量系数取 1.1,则除雾器冲洗水泵选型流量按照 $118 \times 1.1 \approx 130$(m³/h)估算。

5. 除雾器冲洗水泵扬程

除雾器冲洗水泵扬程主要是为满足冲洗水压力的要求，冲洗水压低时，冲洗效果差。冲洗水压过高则易增加烟气带水，同时降低叶片使用寿命。一般情况下除雾器冲洗水压力设定为 0.2～0.3MPa。除雾器冲洗水泵扬程通常用于克服管路沿程阻力、管道阀门等局部阻力、高度差及冲洗水压力，可根据工程设计情况进行计算所有阻力之和，作为除雾器冲洗水泵扬程。

三、典型案例分析

实际工程中，折流板式除雾器、管束式除雾器、冷凝式除雾器在燃煤机组湿法脱硫系统均有应用，特别是烟气超低排放改造中应用广泛。

（一）折流板式除雾器

某 1000MW 燃煤机组脱硫采用石灰石-石膏湿法脱硫工艺，一炉一塔布置方式，吸收塔浆池区直径为 24m，吸收区直径为 19.5m，正常液位为 13.15m，浆池容积为 6000m³。吸收塔设置 1 层合金托盘、5 层喷淋层（对应浆液循环泵 13600m³/h）和高效三级屋脊式除雾器。该机组于 2016 年 12 月完成超低排放改造。

原吸收塔采用塔内两级屋脊式＋塔外一级烟道式除雾器，设计除雾器出口雾滴含量不高于 25mg/m³；改造后拆除原有除雾器，更换为高效三级屋脊式除雾器，采用塔内布置方式，设计烟气流速下除雾器总压力降小于 325Pa，出口携带雾滴（大于 20μm）含量低于 20mg/m³。除雾器设计边界条件和主要性能参数如表 2-2 和表 2-3 所示。

表 2-2　　　　　　　　　高效三级屋脊式除雾器设计边界条件

序号	项　　目	单位	内容
1	吸收塔出口湿烟气特性		
1.1	吸收塔内烟气表观速度	m/s	3.69
1.2	流量	m³/h（标准状态）	3439130
1.3	温度	℃	45.4
1.4	压力	kPa	109.74
1.5	静压力	mm H₂O	44.5
1.6	密度	kg/m³	1.136
1.7	O₂、N₂、CO₂ 等	kg/h	4265674
1.8	H₂O	kg/h	253881
1.9	SO₂	kg/h	116
1.10	SO₃	kg/h	117
1.11	烟尘（颗粒物）	kg/h	16
2	预计循环浆液成分		
2.1	比重	—	1.19

序号	项 目	单位	内容
2.2	温度	℃	60
2.3	pH	—	5～6
2.4	悬浮固体	%（质量分数）	28
2.5	可溶解固体	%（质量分数）	<6.5%
2.6	Cl^-（最大）	$\times 10^{-6}$	20000～40000
3	允许压降	Pa	≤32.5mmH₂O
4	除雾器出口雾滴含量	mg/m³	小于或等于 20 干基 除去大于 20μm 的液滴
5	清洗水		供给压力：0.20MPa；pH 值：7；温度：27.8℃；悬浮物：0.0%；Cl^-：70×10^{-6}

表 2-3　　　　　　　　　高效三级屋脊式除雾器主要性能参数

序号	项 目	单位	内容
1	除雾器型号		DV210-I＋DV210-III
2	支撑梁数		8
3	烟气平均流速	m/s	2.35～4.65（50%～100%负荷）
4	最小连续运行温度，常规/设计	℃	45.4/80
5	叶片厚度（1 级/2 级/3 级）		不低于 2.6mm
6	叶片间距（一级/二级/三级）		30（无钩）/27.5（有钩）/25（有钩）
7	除雾器质量（一级/二级/三级）	kg	13040/13040/13040
8	第一级底部至第二级顶部距离	m	3
9	第二级顶部至第三级顶部距离	m	1.5
10	除雾器冲洗管内流速	m/s	3
11	喷嘴压力降	Pa	2×10^5
12	喷嘴数量	个/层	552
13	冲洗水量		
14	第一级上/下部冲洗水量	m³/(h·m²)	26.5/26.5
15	第二级上/下部冲洗水量	m³/(h·m²)	17.2/10
16	第三级上/下部冲洗水量	m³/(h·m²)	手动/1.4
17	瞬间最大冲洗水量	m³/h	120

　　2014 年 12 月和 2017 年 2 月，分别对该 1000MW 机组脱硫装置改造前后进行性能测试，主要测试结果如表 2-4 所示。

表 2-4　　　　　　　　　　脱硫装置改造前后性能参数对比

序号	项目	单位	改造前		改造后	
			设计值	实测值	设计值	实测值
1	除雾器型式	—	2 级屋脊＋1 级烟道式		3 级屋脊式	
2	脱硫入口烟气量	m^3/h（标准状态、湿基、实际氧）	3096000	3383817	3307789	3124243
3	脱硫入口烟尘浓度	mg/m^3（标准状态、干基、6%O_2）	60	18	20	18.6
4	脱硫出口烟尘浓度	mg/m^3（标准状态、干基、6%O_2）	30	10	5	4.3
5	除尘效率	%	50	44.4	75	76.67
6	脱硫出口雾滴含量	mg/m^3（标准状态、干基、6%O_2）	25	25	20	19.3
7	除雾器压差	Pa	—	—	325	164（在线）

从上述结果可以看出，超低排放改造后高效三级屋脊式除雾器出口雾滴含量为 19.3mg/m³，DCS 除雾器压差显示为 164Pa，两项结果均能满足设计要求。超低排放改造后吸收塔协同洗尘效率提高较多，除增设托盘、喷淋层覆盖率提高对协同洗尘有较大贡献外，除雾器结构调整、优化也为烟尘的脱除提供了重要保障。研究结果表明，超低排放条件下除雾器出口雾滴含固量可以按照 7.5%测算，若按照该比例测算，该除雾器出口雾滴携带固体颗粒物浓度约为 1.5mg/m³。

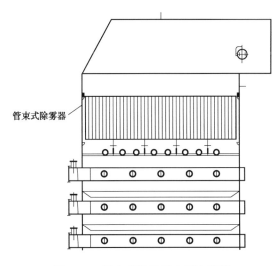

图 2-11　管束式除雾器立面布置图

（二）管束式除雾器

某 220MW 燃煤机组湿法脱硫采用石灰石-石膏湿法脱硫工艺，一炉一塔布置方式，设置增压风机，无 GGH，无烟气旁路，吸收塔设置一层旋汇耦合器、四层喷淋层（对应浆液循环泵流量为 4500m³/h，喷淋层覆盖率为 300%），除雾器采用管束式除雾器。该机组超低排放改造于 2016 年 6 月完成，管束式除雾器塔内布置如图 2-11 所示。

管束式除雾器主要设计参数和性能指标如表 2-5 所示。

表 2-5　　　　　　　管束式除雾器主要设计参数和性能指标

序号	项 目		单位	内容	备注
一	设计参数				
1	原烟气	脱硫入口烟气量	m^3/h	929438	标准状态、湿基、实际氧
		脱硫入口烟温	℃	100	

序号	项 目		单位	内容	备注
1	原烟气	当地大气压	Pa	101650	
2	净烟气 （吸收塔出口）	出口烟气量	m³/h	1180517	标准状态、湿基、实际氧
		烟温	℃	54	
		空塔流速	m/s	4.18	
二	性能保证指标				
1	脱硫入口烟尘浓度		mg/m³	50	标准状态、干基、6%O₂
2	脱硫出口烟尘浓度		mg/m³	5	标准状态、干基、6%O₂
3	管束式除雾器压差		Pa	450	
4	吸收塔出口雾滴含量		mg/m³	30	标准状态、干基、6%O₂

2015 年 5 月和 2016 年 9 月，分别对该 220MW 机组改造前后脱硫装置进行性能测试，主要结果如表 2-6 所示。

表 2-6　　　　　　　　　　管束式除雾器性能测试结果汇总

序号	项目	单位	改造前		改造后	
			设计值	实测值	设计值	实测值
1	除雾器型式	—	2 级屋脊式		管束式	
2	烟气量	m³/h （标准状态、湿基、实际氧）	883071	904359	929438	892540
3	脱硫入口烟尘浓度	mg/m³ （标准状态、干基、6%O₂）	—	37	50	40.3
4	脱硫出口烟尘浓度	mg/m³ （标准状态、干基、6%O₂）	—	24	5	4.5
5	除尘效率	%	—	35.14	90	88.83
6	脱硫出口雾滴含量	mg/m³ （标准状态、干基、6%O₂）	75	77.8	30	25.2
7	除雾器压差	Pa	—	—	450	270

从上述测试结果可以看出，在满负荷工况下，吸收塔内安装管束式除雾器后，可以实现吸收塔入口烟尘浓度为 40mg/m³ 条件下，出口烟尘浓度低于 5mg/m³ 的超低排放目标值，同时吸收塔出口雾滴含量小于 30mg/m³，除雾器本体压差为 270Pa。

（三）冷凝式除雾器

某 600MW 燃煤机组脱硫采用石灰石-石膏湿法脱硫工艺，串联吸收塔布置方式，引增合一、无 GGH、无烟气旁路，一级吸收塔配置四层喷淋层，除雾器为一级管束＋两级屋脊式除雾器，二级吸收塔配置一层托盘，两层喷淋层，除雾器为冷凝式除雾器。

冷凝式除雾器由塔内高效除雾器和塔外循环冷却站两部分组成。塔内高效除雾器主要由屋脊式粗分离器、屋脊式精分离器、冷凝装置、屋脊式超精细分离器，以及冲洗水系统组成；塔外循环冷却站主要由冷却风机、喷淋泵、循环水泵，以及附属设备组成。塔外冷却站布置如图2-12所示。

图2-12 塔外循环冷却站设备

冷凝式除雾器设计烟气量为2616379m³/h（标准状态、湿基、实际O_2），出口雾滴含量不高于20mg/m³，除雾器的主要设备如表2-7所示。

表2-7 除 雾 器 主 要 设 备

序号	名称	单位	数量	备注
1	屋脊式粗分离器	级	1	
2	屋脊式精分离器	级	1	
3	冷凝装置	级	1	
4	屋脊式超精细分离器	级	1	
5	循环水分水器	台	2	
6	冷却站	台	2	
7	喷淋泵	台	2	5.5kW
8	风机	台	8	3kW
9	冷却水源水箱	台	1	
10	循环水泵	台	4（2用2备）	流量为160m³/h；扬程为50m

2017年2月，对该600MW机组冷凝式除雾器进行性能测试，主要结果如表2-8所示。

从测试结果可以看出，100%负荷工况下，无论是否投运冷凝装置，除雾器出口雾滴含量都低于20mg/m³；50%负荷工况下，冷凝装置不投运时，出口雾滴含量超出20mg/m³设计值。同时，随着冷却水、冷却风机逐步停运，出口雾滴含量呈增高趋势，可以看出冷凝装置对雾滴含量脱除有一定效果。

表2-8 冷凝式除雾器性能测试结果汇总

项 目	单位	工况一	工况二	工况三	工况四	工况五	工况六	工况七	工况八
机组负荷率	%	100	100	100	100	50	50	50	50
是否投运塔内冷凝水		是	是	是	否	是	是	是	否

续表

项　　目	单位	工况一	工况二	工况三	工况四	工况五	工况六	工况七	工况八
是否投运塔外冷却站冷却水		是	是	否	否	是	是	否	否
是否投运塔外冷却站冷却风机		是	否	否	否	是	否	否	否
标准状态烟气量 二级吸收塔出口	m³/h	2091788	2122848	2017655	2021135	1368748	1299687	1272755	1284107
烟尘浓度 一级吸收塔入口	mg/m³	21.5	19.7	18.4	18.7	16.1	13.9	14.3	15.5
烟尘浓度 二级吸收塔出口	mg/m³	1.8	2.2	3.5	3.6	2.2	2.4	4.3	4.2
SO_3 一级吸收塔入口	mg/m³	29.72	20.03	28.88	21.00	23.88	31.43	27.73	27.95
SO_3 二级吸收塔出口	mg/m³	15.02	12.77	19.06	16.13	13.75	18.59	18.08	18.14
雾滴 二级吸收塔出口	mg/m³	14.51	17.72	19.62	18.97	17.97	18.46	23.93	22.61
除尘效率	%	91.75	88.84	81.08	80.63	86.57	82.79	69.71	73.15
SO_3脱除效率	%	49.46	36.23	34.01	23.19	42.42	40.85	34.81	35.10

四、小结

除雾器是燃煤机组湿法脱硫系统中的重要组成部分，对超低排放机组而言尤为重要。对于湿法脱硫系统与烟囱之间未增设污控设备（如湿式电除尘器等）的机组，除雾器性能优劣直接关系到污染物达标排放；对于湿法脱硫系统与烟囱之间已增设污控设备（如湿式电除尘器等）的机组，除雾器性能优劣会影响下游设备的效果，进而影响污染物达标排放。

目前，应用于燃煤机组湿法脱硫系统的除雾器主要有折流板式除雾器、管束式除雾器、冷凝式除雾器及声波团聚式除雾器等。针对不同改造工程自身的特点，可以根据除雾器的布置方式、除雾器冲洗水系统、除雾器出口雾滴含量及压降等指标选择适宜的除雾器。

根据本部分所举案例，满负荷工况下，高效三级屋脊式除雾器、管束式除雾器及冷凝式除雾器均可以实现出口雾滴含量低于 30mg/m³，同时采用吸收塔协同洗尘提效措施，可以实现脱硫系统出口烟尘不高于 5mg/m³ 的超低排放限值要求。

3

脱硫系统协同除尘技术

一、背景

目前国内火电厂积极响应国家节能减排号召，均对现有机组设备进行超低排放改造，确保各项指标达到超低排放水平。但部分改造机组已无空间在原有的脱硫吸收塔后增加类似湿式电除尘器的设备。应对烟尘排放问题，由于目前前部除尘设备本身的局限性，加上除尘设备后部还有湿法脱硫系统，若湿法脱硫系统没有很好的协同除尘效果，在脱硫装置后续不增加新一级除尘装置的前提下，烟尘超低排放往往难以实现。如何提升湿法脱硫系统的协同除尘效果，已成为超低排放能否达标的关键所在。

二、湿法脱硫协同除尘技术路线分析

（一）超低排放前湿法脱硫协同除尘运行状况分析

1. 湿法脱硫协同除尘运行状况

（1）湿法脱硫协同除尘运行状况概述。在超低排放施行之前，湿法脱硫装置一般采用多层喷淋层外加两层屋脊式除雾器的配置。当入口烟尘浓度较高时，湿法脱硫除尘效率一般随着入口烟尘浓度的增加而增加。当入口烟尘浓度超过 200mg/m³ 时，脱硫装置的效果将变得较为明显，脱硫装置除尘效率能够超过 60%。而当入口烟尘浓度在 50mg/m³（标准状态、干基、6%O_2）以下时，脱硫装置除尘效率很低，一般在 20%～30%左右。极个别的机组在入口烟尘小于 20mg/m³ 条件下，出口烟尘反而有升高的现象，如图 3-1 所示。现有相关研究及试验证明，随着除尘器烟尘排放值的减小，除尘器后烟尘粒径下降，烟尘中微细颗粒的比例大大增加，这时脱硫系统的除尘效率将大大减少。

（2）除雾器雾滴排放状况。湿法脱硫除雾器配置一般以屋脊式和平板式除雾器为主，在超低排放施行之前，湿法脱硫除雾器一般保证出口雾滴含量不超过 75mg/m³。然而大量的试验表明，由于早期的湿法脱硫装置除雾器无论从设计、生产到安装过程质量均不过关，导致除雾器运行效果远低于设计值。绝大多数电厂的湿法脱硫除雾器出口雾滴浓度在 100mg/m³ 以上。

研究表明雾滴中约含有 15%～20%的固体颗粒物。假设雾滴含固量按照 15%考虑，湿法脱硫除雾器出口雾滴按照 100mg/m³ 考虑，则雾滴对烟尘贡献值约为 15mg/m³ 左右。因此在低入口烟尘浓度的机组中，雾滴含固量在净烟气烟尘中贡献更为明显。

以某测试机组为例，其入口烟尘浓度为 27mg/m³，FGD 出口烟尘浓度（含雾滴含固量）为 21mg/m³，吸收塔出口雾滴含量为 65mg/m³，雾滴携带烟尘贡献值就达到约 10mg/m³，出口烟尘中 50%由雾滴含固量提供。考虑雾滴和不考虑雾滴贡献后，吸收塔除尘效率如图 3-2 所示。

由于雾滴的存在，吸收塔除尘效率降低了 36%，若将雾滴分别控制在 20mg/m³ 和 30mg/m³ 以下，则吸收塔出口烟尘可以降至 14mg/m³ 和 16mg/m³，除尘效率显著提高。

目前为了达到超低排放，前部除尘器均需考虑提效改造，将吸收塔入口烟尘浓度降至较低水平，一般在 30mg/m³ 以下。若采用超细纤维滤袋的电袋或袋式除尘器，除尘器出口烟尘浓度更可以控制在 10mg/m³ 以下。

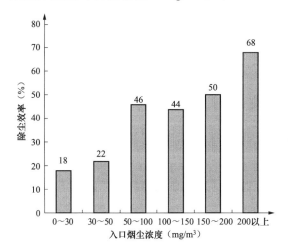

图 3-1 超低排放改造前除尘效率与
入口烟尘浓度的关系

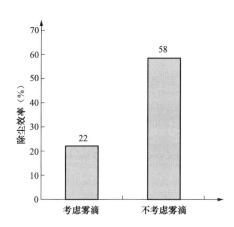

图 3-2 考虑雾滴和不考虑雾滴
吸收塔除尘效率的比较

由上述内容可以看出，若雾滴含量较高，则烟囱入口烟尘达标排放仍存在较大风险。因此，若能将雾滴含量控制到更低水平，降低雾滴含固量对出口烟尘的贡献，必将大大提高脱硫装置的综合除尘效率。

2. 超低排放前湿法脱硫协同除尘问题分析

由于早期烟尘排放限制标准不高，GB 13223—2011《火电厂大气污染物排放标准》要求的最为严格的烟尘排放限值仅为 20mg/m³，所以现有脱硫装置在设计时对于协同除尘考虑不足，导致脱硫协同除尘效果不佳。分析其原因主要包括以下几点。

（1）塔内设计烟气流速偏高。脱硫装置设计推荐的烟气流速为 3～4m/s。一般来说，国外脱硫装置设计流速都在 3.5m/s 左右，而国内脱硫装置设计流速普遍偏高，基本在 3.8m/s 以上，甚至有的脱硫装置为了减少占地面积和减少投资，将脱硫装置的流速设计在 4m/s 以上。

以国内应用较为普遍的玛苏莱（MASULEX）技术为例，该技术的显著特点是高烟气流速，通过浆液与烟气高速碰撞强化传质，从而降低液气比、提高脱硫效率。同时吸收塔塔径可以有所减小，节约脱硫投资成本。因此，早期脱硫设计时基本按此思路，设计烟气流速普遍较高，在个别项目上甚至超过 4m/s。烟气流速高虽然强化了传质，使脱硫效果保持在一个较高的水平，但同时导致随烟气携带的浆液量大大增多，在除雾器性能较差的情况下无法被有效拦截，甚至会造成烟尘浓度经过脱硫后不降反升的现象。

吸收塔烟气流速对浆液携带的影响趋势如图 3-3 所示。

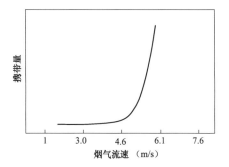

图 3-3 吸收塔内烟气流速
对浆液携带量的影响

（2）塔内流场分布不均匀。由于吸收塔设计前期缺少物模、数模等基础工作，导致吸收塔结构、烟道设计不够合理，部分区域形成烟气死区。而部分区域烟气流速过大，使局部的除雾器超负荷运行，浆液量超过除雾器处理能力时，大量堆积于除雾器的内部，造成除雾器堵塞的现象，并随之蔓延至整个除雾器界面，令除雾器失效。

（3）除雾器配置低。脱硫装置设计时对除雾器不够重视，并且对于除雾器出口雾滴含量的考核指标不严，导致实际工程应用中往往选择较为便宜的除雾器品牌进行安装，除雾器大部分以两级屋脊式除雾器为主。部分电厂甚至选择了效果更差的两级平板式除雾器，导致除雾器性能远远达不到设计值。

（4）除雾器安装高度不足。为节约脱硫工程投资，脱硫工程公司往往将脱硫装置的除雾区设计为正好安装进一个除雾器的高度，上下预留空间不足。现在一般认为除雾器下部应与最顶层喷淋层保证一定的距离，以发挥重力沉降的作用，降低烟气带至除雾器的浆液量。并且保证除雾器上部与吸收塔顶部的距离，保证除雾器后的流场均匀，不会因为距离顶部烟道过近导致流场紊乱，影响除雾器效果。

（二）脱硫协同除尘的提效措施

脱硫协同除尘提效措施主要分为以下两种：

（1）前部除尘改造，降低吸收塔入口烟尘，配合高效除尘除雾装置，实现协同除尘效果。

（2）通过手段增大除尘器出口烟尘粒径，配合高性能除雾器（三级屋脊式除雾器、一级管式＋两级屋脊式除雾器等），实现协同除尘效果。

两种技术的核心均在于脱硫装置整体发挥其应有的协同除尘效果。

针对目前脱硫装置协同除尘过程中存在的问题，脱硫装置整体协同除尘提效方案主要考虑了除雾器优化配置、降低吸收塔流速、浆液喷淋系统优化、增加合金托盘、增加除雾区空间距离、采用新型高效除尘除雾装置等措施。

1. 除雾器优化配置

除雾器优化配置可以从除雾器结构型式优化、增加除雾器级数、除雾器组合配置、除雾器冲洗水系统改造等角度着手。

（1）除雾器结构型式优化。除雾器叶片间距的选取对保证除雾效率、维持除雾系统稳定运行至关重要。目前脱硫系统中最常用的除雾器叶片间距大多为 30～50mm，基本采用不带钩叶片。为了提高除雾效果，可以调整除雾器叶片间距，改为采用带钩叶片（见图 3-4）。

不带钩叶片　　　　　　　　带钩叶片

图 3-4　除雾器叶片形式

除雾器设计选型时需进行吸收塔流场模拟工作，根据吸收塔内存在的不同流场对除雾器进行细化布置。除雾器布置时应考虑无死角设计，确保吸收塔全断面布置。

（2）增加除雾器级数。通过增加除雾器级数，形成"一级管式＋二级屋脊式""三级屋脊式"除雾器配置，可以提高除雾效果。一般来说，通过增加吸收塔内除雾器级数，可以将雾滴含量控制在 30mg/m³ 以下。

（3）塔内＋塔外除雾器组合配置。在原吸收塔出口烟道空间条件允许时，可以通过塔内（管式、屋脊式）＋塔外（水平烟道式）除雾器组合配置进一步提高除雾效果。从烟道式除雾器投运业绩来看，其对于雾滴深度脱除效果较佳，布置级数可以为一级或二级。为确保气流均布，必要时需在吸收塔出口布置导流板。通过塔内＋塔外组合配置，雾滴含量可控制在 30mg/m³ 甚至更低。

（4）除雾器冲洗水系统改造。除雾器冲洗效果较差，极易造成堵塞，使局部烟气流速超出允许值，雾滴夹带量增大。对于脱硫改造，需对原除雾器冲洗水管道、阀门仔细检查，对损坏破裂的管道阀门考虑更换。阀门尽可能选用优质产品，确保冲洗水量和水压。同时，对冲洗水系统出力进行核算，必要时进行除雾器冲洗水泵增容或换型。对于最上层除雾器，可以考虑增加一层顶部冲洗水，必要时开启。

（5）增加除雾区空间距离。一般认为除雾器下部应距离最顶层喷淋层应保证最低 3m 的距离，才能发挥重力沉降作用，降低烟气带至除雾器的浆液量。并且保证除雾器上部与吸收塔顶部烟道的距离为 3.5m 以上，保证除雾器后的流场均匀，不会因为距离顶部烟道过近，导致流场紊乱，影响除雾器效果。

2. 降低吸收塔空塔烟气流速

要达到较高的烟尘洗涤效果，尘粒与水滴必须具备足够的相对速度。但同时，在逆流喷淋塔中，如果烟气上升速度超过液滴的末端沉降速度，液滴将被烟气带走。试验结果表明，在烟气流速低于 3.5m/s 时，吸收塔除尘效率随着烟气流速的增加而显著增加；而烟气流速高于 3.5m/s 时，烟气流速增加后除尘效率增加并不明显，甚至可能因为夹带的雾滴量增大，超出除雾器的处理能力导致除尘效率的下降。

因此对于新建吸收塔和双塔双循环脱硫系统增设的二级吸收塔设计时，塔内烟气流速均按照不超过 3.5m/s 设计，这样可以尽可能避免高流速烟气夹带烟尘。

3. 吸收塔内浆液喷淋系统优化

如图 3-5 所示，吸收塔除尘效率随着喷淋密度的增加不断增大。喷淋密度越大，塔截面有液滴通过部分越多，烟尘由于截留而被捕集的机会也越大。

现有脱硫塔应尽量考虑提高喷淋层喷淋覆盖度（喷淋覆盖度按照不小于 300%设计），增加喷嘴布置数量，选择高性能喷嘴来提高烟尘与浆液的接触机会，提高除尘效率。

4. 吸收塔内部设置合金托盘及流场优化

在吸收塔设计前期需开展物模与数模工作，合理调整吸收塔内流场设计，确保均布效果，并为除雾器选型设计提供依据。

为提高吸收塔内流场均匀度，可考虑在喷淋层下部设置合金托盘，在提高脱硫效率的同时增加液固接触机会，防止烟气的贴壁

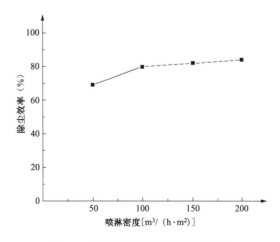

图 3-5　不同喷淋密度下的除尘效率

逃逸，提高除尘效率。具备条件的机组还可设置双层托盘，增大持液层高度，提高微细烟尘（PM2.5）的捕集效率。同时，应根据设计前期物模与数模结果，对合金托盘塔的托盘开孔率精细化控制。

5. 更换为新型高效除尘除雾装置

除上述措施可以提高整个脱硫装置的协同除尘效果外，还可以采用新型高效除尘除雾装置来增加除雾区的除尘除雾效果。一般高效除尘除雾装置能够保证脱硫吸收塔出口雾滴小于 $20mg/m^3$。现有的高效除尘除雾装置主要包括管束式除尘除雾装置、冷凝式除尘除雾装置、声波式除尘除雾装置等。采用高效除雾器可以保证除雾器出口雾滴含量不大于 $20mg/m^3$，使除雾器出口因雾滴携带的烟尘量大大降低。

6. 采用低低温电除尘器

通过在电除尘器前部安装低低温省煤器，提高电除尘器的除尘效率，并增大除尘器出口烟尘的粒径，使烟尘在脱硫装置内部更容易去除。

通过设置低低温电除尘器，将烟气温度控制在 $90℃±1℃$，低于烟气酸露点温度，具有以下两方面作用：

（1）降低烟气烟尘比电阻，使击穿电压上升，同时减少烟气处理量，从而大幅提高除尘效率。同时 SO_3 冷凝黏附在烟尘上并被碱性物质吸收、中和，可以脱除烟气中大部分 SO_3。

（2）通过低低温除尘器可以提高除尘器出口烟尘平均粒径，而吸收塔对于粒径较大的烟尘洗涤能力更强。据研究表明，常规除尘器和低低温除尘器烟尘粒径在 $2.5\mu m$ 以上占比分别约为 20%和 80%以上，吸收塔对粒径在 $2.5\mu m$ 以上烟尘的脱除效率在 90%以上，因此采用低低温除尘器可以提升吸收塔对于烟尘的捕集能力。

低低温除尘器在设计工况条件下，出口烟尘浓度限值宜按照 $20\sim30mg/m^3$ 进行控制。

由于飞灰磨损属性、流场设计、流速选取、材质的选择等不合理，低低温换热器在运行过程中容易出现磨损泄漏现象。为防止低低温换热器的快速磨损，在设计时应关注流场优化、选择合适的流速，设置合适的防磨措施，并注意低温段材质的选择。

（三）脱硫协同除尘技术路线

脱硫协同除尘技术路线主要对应上述两种提效措施，具体要求如下。

1. 脱硫协同技术路线一

空间允许的前提下，在静电式除尘器前部设置低低温换热器，使电除尘器前部微细烟尘颗粒凝并、团聚，增大平均粒径，从而增加静电式除尘器的整体除尘效率，并同步提高脱硫吸收塔入口的烟尘粒径。经过脱硫吸收塔，通过高性能除雾器将烟尘去除，达到协同脱除的目的。

目前国内已有大型发电集团采用该技术路线作为脱硫系统协同除尘的主要技术路线。其主要性能指标要求如下：

（1）脱硫吸收塔 SO_2 脱除效率不低于 98%。

（2）脱硫吸收塔烟尘脱除效率不低于 70%。

（3）脱硫吸收塔除雾器出口烟气携带液滴浓度达到 $20\sim40mg/m^3$。

达到上述指标可采取的措施主要包括以下方面：

（1）应采用合适的烟气均布措施保证吸收塔塔内烟气分布均匀度，可采用托盘等烟气分布装置；并辅以 CFD 数值模拟，必要时采用物理模型予以验证。同时应采取措施减小吸收塔周边烟气高速偏流效应，可采用性能增效环或加密喷淋密度等措施。

（2）吸收塔喷淋层单层浆液覆盖面应达到 100%（以喷嘴出口面下 1m 计）；喷淋层喷嘴浆液覆盖率不低于 200%（以喷嘴出口面下 1m 计）；喷淋层管路设计应保证每个喷嘴入口压力均匀；喷淋层喷嘴宜采用高效雾化喷嘴。

（3）应采用高性能除雾器（三级屋脊式除雾器、一级管式＋两级屋脊式除雾器等）、平板式烟道除雾器或其他型式的被工业应用证明的高性能除雾器。采用 CFD 数值模拟，以保证除雾器入口烟气分布均匀度偏差低于 ±15%。

（4）采用低低温除尘器的高效脱硫协同除尘技术需确保脱硫吸收塔入口烟尘浓度低于 20mg/m³；若前部除尘器无法设置低低温除尘器，仅通过高性能除雾器（三级屋脊式除雾器、一级管式＋两级屋脊式除雾器等）实现高效脱硫协同除尘，脱硫吸收塔入口烟尘浓度限值宜控制在 15mg/m³ 以下。

2. 脱硫协同技术路线二

若无法在前部除尘设置低低温除尘器，可通过手段将脱硫吸收塔入口烟尘降至 30mg/m³ 以下，经过脱硫吸收塔，配合高效除尘除雾装置（管束式除尘除雾装置、冷凝式除尘除雾装置、声波式除尘除雾装置等）实现协同除尘效果。高效除尘除雾装置的具体工作原理如下：

（1）管束式除尘除雾装置。其除尘除雾原理是通过内置的增速器增加烟气的流速，高速旋转向上运动，气流中细小雾滴、烟尘颗粒在离心力作用下与气体分离，向筒体表面运动实现液滴脱除。

（2）冷凝式除尘除雾装置。通过喷淋层后的饱和湿烟气进入冷凝式除尘除雾装置的冷凝层，烟气被冷却降温析出冷凝水汽，水汽以细微烟尘和残余雾滴为凝结核，不断撞击周围的烟尘颗粒，凝聚后增大粒径，撞击在波纹板上被水膜湮灭从而被拦截。

（3）声波式除尘除雾装置。增加声波发生装置后，对气溶胶施加声场，气溶胶介质在声波的作用下发生振荡运动。粒径很小的雾滴、颗粒物几乎能够完全跟随气体运动，而粒径很大的雾滴、颗粒物在声波作用下振动幅度很小。不同粒径的雾滴、颗粒物形成相对运动，发生碰撞而团聚成核，发生团聚的雾滴、颗粒物粒径逐渐变大，在冲洗水和重力的作用下实现雾滴和颗粒物的协同脱除。

该技术路线对前部除尘器的形式不作任何要求，除尘器出口仅需满足 30mg/m³ 以下的排放标准，即可通过高效除尘除雾装置实现烟尘达标排放。高效除尘除雾装置出口烟气携带雾滴浓度小于 20mg/m³。

为了使高效除尘除雾装置能够满足排放要求，可同步采取以下措施：

（1）应采用合适的烟气均布措施保证吸收塔塔内烟气分布的均匀度，可采用托盘等烟气分布装置；并辅以 CFD 数值模拟，必要时采用物理模型予以验证。同时应采取措施减小吸收塔周边烟气高速偏流效应，可采用性能增效环或加密喷淋密度等措施。

（2）吸收塔喷淋层单层浆液覆盖面应达到 100%（以喷嘴出口面下 1m 计）；喷淋层喷嘴浆液覆盖率不低于 300%（以喷嘴出口面下 1m 计）；喷淋层管路设计应保证每个喷嘴入口压力均匀；喷淋层喷嘴宜采用高效雾化喷嘴。

（3）控制吸收塔内的烟气流速，宜按照 3.5m/s 进行控制。

（4）增加除雾区空间距离，宜按照顶层喷淋层中心线至高效除尘除雾装置底部距离不小于 3m，高效除尘除雾装置顶部至吸收塔出口烟道底部之间距离不小于 3.5m 考虑。

三、典型案例分析

（一）某 1000MW 机组利用低低温除尘器实现协同脱除

1. 基本情况介绍

某电厂 8 号机组为 1000MW 超超临界机组，超低排放改造前，前部除尘器原采用"4＋1"移动极板静电除尘器；单脱硫吸收塔配置，总共设置 6 层喷淋层，并在第 2 层和第 5 层喷淋层下方设置浆液再分配环，防止烟气逃逸。除雾器采用两级屋脊式＋一级管式除雾器。改造前性能试验结果汇总见表 3-1。

表 3-1 　　　　　　　　　　　改造前性能试验结果汇总

项　　目	单位	保证值 设计值	性能试验结果
脱硫装置烟气量（标准状态、干基、6%O₂）	m^3/h	3110826	2917366
原烟气 SO₂浓度（标准状态、干基、6%O₂）	mg/m^3	2876	2772
原烟气 烟尘浓度（标准状态、干基、6%O₂）	mg/m^3	≤100	36
净烟气 吸收塔出口 SO₂浓度（标准状态、干基、6%O₂）	mg/m^3	≤50	80
净烟气 脱硫装置出口 SO₂浓度（标准状态、干基、6%O₂）	mg/m^3	≤100	218
净烟气 烟尘浓度（标准状态、干基、6%O₂）	mg/m^3	—	19
吸收塔脱硫效率	%	≥98.3	97.21
FGD 系统脱硫效率	%	—	92.42
吸收塔除尘效率	%	—	48.58
压力损失			
吸收塔（包括除雾器）	Pa	—	2778
除雾器出口烟气携带的水滴含量（标准状态、干基）	mg/m^3	≤40	72

该厂超低排放改造后烟囱入口烟尘排放浓度目标值为 $5mg/m^3$。

试验表明，超低排放改造前原有吸收塔脱硫效率无法满足性能保证要求的效率，整体的脱硫洗尘效率约为 48%，吸收塔出口烟尘排放浓度为 $19mg/m^3$，无法满足超低排放的要求。由于原有移动极板除尘器出口排放浓度仍较高，即使改造后脱硫系统重新布置，并采用高效除尘除雾装置，也不一定能够保证烟囱入口烟尘浓度小于 $5mg/m^3$。

2. 改造范围与布置

该机组除尘器总体型式为移动极板静电除尘器，在除尘器前部有设置低低温换热器的条件，因此在超低排放改造时，为保证烟尘达标排放，选用技术路线一作为基本路线。

主要改造内容如下：

（1）在原移动极板除尘器前部烟道加装低低温省煤器，将除尘器入口烟温降至 90℃，并保证除尘出口烟尘浓度小于 15mg/m³。

（2）对吸收塔内流场进行物模和数模计算，确保塔内的气流均匀性。

（3）对原有吸收塔进行改造，重新安装喷淋层，增大喷淋层覆盖率，按不小于 200% 考虑。对喷嘴喷射角度进行调整。

（4）对除雾器进行重新选型，由原有的两级屋脊式＋一级管式除雾器更换为三级屋脊式除雾器，并增加除雾器空间距离。

机组超低改造后配置汇总如下：

低低温除尘器＋单吸收塔配置（喷淋空塔＋六层喷淋）＋三级屋脊式除雾器的组合，达到脱硫协同除尘效果，脱硫塔后无湿式除尘器等设备，烟囱入口烟尘浓度小于 5mg/m³。

3. 运行效果

设置低低温除尘器后，对比表 3-1 与表 3-2 可以看出，改造前后原有除尘器整体除尘效率有明显提高。改造后脱硫吸收塔在入口烟尘浓度仅为 11mg/m³ 的情况下，通过高性能除雾器发挥较好的协同除尘效果，协同除尘效率达到了 70%。

表 3-2　　　　　　　　　　　　设计与实测参数对比

测 试 项 目	单位	设计参数	实测参数
低低温省煤器出口烟温	℃	90	90
低低温省煤器阻力	Pa	<450	313
电除尘器出口烟尘浓度	mg/m³	<15	11
低低温除尘器漏风率	%	—	4.01
吸收塔出口 SO_2 浓度	mg/m³	<35	26.4
吸收塔出口雾滴浓度	mg/m³	<40	26
吸收塔出口烟尘浓度	mg/m³	<5	3.2
烟气再热器阻力	Pa	<750	533
烟囱入口烟温	℃	>80	81

注：以上浓度参数状态均为标准状态、干基、6%O_2。

（二）某 600MW 机组利用管束式除尘除雾装置实现协同脱除

1. 基本情况介绍

某电厂 4 号机组为 600MW 超临界机组，超低排放改造前，前部除尘器原采用电袋除尘器；单脱硫吸收塔配置，总共设置五层喷淋层，未设置合金托盘及聚气环。除雾器采用两级屋脊式。

超低排放改造后烟尘排放浓度目标值为 5mg/m³。改造前性能试验结果汇总见表 3-3。

表 3-3　　　　　　　　　　　　改造前性能试验结果汇总

项 目	单位	保证值 设计值	结果
脱硫装置烟气量（标准状态、干基、6%O_2）	m³/h	2260000	2254851

续表

项 目		单位	保证值	结果
			设计值	
原烟气	SO₂浓度（标准状态、干基、6%O₂）	mg/m³	5583	5679
	烟尘浓度（标准状态、干基、6%O₂）	mg/m³	≤20	18.8
净烟气	SO₂浓度（标准状态、干基、6%O₂）	mg/m³	≤50	29.6
	烟尘浓度（标准状态、干基、6%O₂）	mg/m³	≤20	9.9
脱硫效率		%		99.47
吸收塔除尘效率		%		47.34
压力损失				
FGD装置总压损		Pa		3261
除雾器出口烟气携带的水滴含量（标准状态、干基）		mg/m³	≤75	68

（SO₂浓度表中以 SO_2、O_2 表示）

该机组原有除尘器为电袋除尘器，设计除尘器出口烟尘浓度小于20mg/m³，在性能测试中测得吸收塔入口烟尘浓度为18.8mg/m³，吸收塔出口烟尘浓度为9.9mg/m³。由于原吸收塔采用配置较差的两级屋脊式除雾器，因此测得吸收塔的协同除尘效率仅为47.34%。考虑到现有除尘器出口烟尘浓度较低，而吸收塔协同除尘效率并不高，仅对除雾器进行改造，采用高效除尘除雾装置将协同除尘效率提高至75%以上，即可满足烟囱入口5mg/m³的排放要求。

2. 改造范围与布置

该机组除尘器采用电袋除尘器，前部不适宜设置低低温换热器，只能够通过提高后部脱硫吸收塔的整体协同除尘效率才能够使烟尘达标排放。因此在超低排放改造时，选用技术路线二作为基本路线。

主要改造内容如下：

（1）利旧原有电袋除尘器，并保证除尘器出口烟尘浓度小于20mg/m³。

（2）将原有单吸收塔改造为串联吸收塔，原有吸收塔作为一级吸收塔，喷淋层与除雾器均利旧。

（3）新建二级吸收塔，改造前对吸收塔内流场进行物模和数模计算，确保塔内的气流均匀性。控制塔内烟气流速为3.5m/s。

（4）新建二级吸收塔内布置三层喷淋层。喷淋层覆盖率按不小于300%进行设计，并调整喷嘴的喷射角度。

（5）新增二级塔除雾器，选用管束式除尘除雾装置，并增加除雾器布置的空间距离。

机组超低改造后配置汇总如下：

电袋除尘器＋串联吸收塔（一级吸收塔为五层喷淋层＋两级屋脊式除雾器，二级吸收塔为三层喷淋层＋管束式除尘除雾装置）的组合，达到脱硫协同除尘效果；脱硫塔后无湿式除尘器等设备，烟囱入口烟尘浓度小于5mg/m³。

3. 运行效果

实测数据（见表3-4）可以看出，改造后在除尘器出口烟尘浓度变化不大的情况下，吸收塔改造采用了管束式除尘除雾装置。该除尘除雾装置采用惯性分离的方式去除雾滴和烟尘，在高负荷下能够达到80%以上的协同除尘效率；而在低负荷下由于吸收塔内气体流速降低，惯性力下降，在低负荷下的协同除尘效率较差，但仍可以满足超低排放限值要求。改造后脱硫系统的协同除尘效率从改造前的47%上升到87%。

表 3-4　　　　　　　　　　　设计与实测参数对比

测试项目	单位	设计参数	实测参数		
			100%负荷率	75%负荷率	50%负荷率
二级塔脱硫运行喷淋层数			2	2	1
电除尘器出口烟尘浓度	mg/m³	20	16.8	15.6	14.2
一级吸收塔出口烟尘浓度	mg/m³	—	11.5	10.9	9.6
二级吸收塔出口雾滴浓度	mg/m³	40	32	31	39
二级吸收塔出口烟尘浓度	mg/m³	5	2.2	2.6	4.5

注：上述浓度参数状态均为标准状态、干基、6% O_2。

（三）某600MW机组利用冷凝式除尘除雾装置实现协同脱除

1. 基本情况介绍

某电厂2号机组为600MW超临界机组，超低排放改造前，前部除尘器原采用电袋除尘器；单脱硫吸收塔配置，总共设置四层喷淋层，未设置合金托盘及聚气环。除雾器采用两级屋脊式＋一级管式除雾器。改造前性能试验结果汇总见表3-5。

表 3-5　　　　　　　　　改造前性能试验结果汇总

项　目		单位	性能试验结果		
			设计值	工况一	工况二
	脱硫装置烟气量	m³/h	2184077	2139713	2021406
原烟气	SO_2浓度	mg/m³	4500	3274	2947
	烟尘浓度	mg/m³	25	22	15
净烟气	吸收塔出口SO_2浓度	mg/m³	200	107	95
	烟尘浓度	mg/m³	50	30	24
吸收塔脱硫效率		%	95.6	96.72	96.78
压力损失					
吸收塔（包括除雾器）		Pa	2600	2874	2822
除雾器出口烟气携带的水滴含量		mg/m³	75	120	114

超低排放改造后烟囱入口烟尘排放浓度目标值为5mg/m³。

由于脱硫塔本体设计原因及产品质量问题，超低改造前原有吸收塔除雾器除雾效果很差，原设计保证出口雾滴含量小于75mg/m³，但实际测试雾滴含量已超过100mg/m³。根据试验结果，除尘器出口烟尘浓度达到设计值，但由于脱硫吸收塔设计烟气流速过大，以及除雾器产品质量问题，造成脱硫吸收塔出口雾滴含量过高。净烟气中大量携带浆液，造成脱硫出口烟尘含量不降反升，无任何协同除尘效果。

2. 改造范围与布置

该机组除尘器采用电袋除尘器，前部不适宜设置低低温换热器。考虑到现有除尘器出口烟尘浓度较低，吸收塔未体现出协同除尘效果，若在超低排放改造时合理设计吸收塔，并选用高效除尘除雾装置提高协同除尘效果，即可达到改造目标。因此该机组选用技术路线二作为基本路线。

主要改造内容如下：

（1）对原有电袋除尘器不做改造，仍保证除尘出口烟尘浓度小于 $30mg/m^3$。

（2）将原有单吸收塔改造为串联吸收塔，原有吸收塔作为一级吸收塔，喷淋层与除雾器均利旧。

（3）新建二级吸收塔，改造前对吸收塔内流场进行物模和数模计算，确保塔内的气流均匀性。控制塔内烟气流速为 3.58m/s。

（4）新建二级吸收塔内在最下层布置一层合金托盘。

（5）新建二级吸收塔内布置两层喷淋层。喷淋层覆盖率按不小于 300%进行设计，并调整喷嘴的喷射角度。

（6）新建二级塔内在第一层和第二层喷淋层之间设置一层聚气环。

（7）新增二级塔除雾器，选用冷凝式除尘除雾装置，并增加除雾器布置的空间距离。在吸收塔周围空地设置冷凝系统的冷凝站。

机组超低改造后配置汇总如下：

电袋除尘器＋串联吸收塔（一级吸收塔为四层喷淋层＋一级管式除雾器＋两级屋脊式除雾器，二级吸收塔配置一层托盘＋两层喷淋层＋冷凝式除尘除雾装置）的组合，达到脱硫协同除尘效果；脱硫塔后无湿式除尘器等设备，烟囱入口烟尘浓度小于 $5mg/m^3$。

3. 运行效果

实测数据（见表 3-6）可以看出，改造后在除尘器出口烟尘浓度变化不大的情况下，吸收塔改造采用了冷凝式除尘除雾装置。该除雾器主体仍为三级屋脊式除雾器，但在该基础上增加冷凝系统。由于冷凝系统的作用，增大了进入除雾器内部的烟尘粒径，增强除雾器本身的除尘除雾效果，在高负荷和低负荷段均表现良好。但由于要设置冷凝站，布置需要改造厂区有足够的空间位置。改造后脱硫系统的协同除尘效率从改造前的无协同除尘效率上升到91%。

表 3-6 设计与实测参数对比

测试项目	单位	设计参数	实测参数	
工况			100%负荷率	50%负荷率
电除尘器出口烟尘浓度	mg/m³	30	21.5	16.1
二级吸收塔出口雾滴浓度	mg/m³	20	14.5	18
二级吸收塔出口烟尘浓度	mg/m³	5	1.8	2.2

注：上述浓度参数状态均为标准状态、干基、6%O_2。

四、小结

随着超低排放的全面推进，大部分电厂完成超低排放改造后，脱硫吸收塔已成为进入烟囱前的最后一道屏障，若无法达到很好的脱硫协同除尘效果，烟尘排放将成为决定超低排放改造是否成功的决定性因素。

现有脱硫协同除尘技术主要分为高效除尘除雾装置协同除尘和低低温电除尘器联合湿法脱硫协同除尘两种技术。两种技术均有不同的优缺点：低低温电除尘器受限于安装空间位置和后续电除尘器的形式，并不一定适用于每一台机组，但低低温电除尘器有节能降耗、提高除尘效率的优点；高效除尘除雾装置只需要对脱硫吸收塔塔顶部进行改造，即可安装使用，泛用性较强，但同时也有应用时间较短、稳定性和可靠性有待检验的问题。

4

SCR 脱硝催化剂全寿命
管理技术

一、背景

随着氮氧化物排放限值的不断收紧，火电厂 SCR 脱硝装置稳定达标运行的要求也越来越高，同时对于脱硝装置的核心——SCR 脱硝催化剂的性能要求也越来越高。德国、美国、日本等发达国家的 SCR 脱硝装置运行及催化剂维护均有较长的历史，已经总结出了一套 SCR 脱硝催化剂寿命检测评估和性能优化的管理模式，使得催化剂能发挥最大潜能，既满足环保要求又能节约脱硝装置的运维成本。随着国内火电行业对于 SCR 脱硝催化剂的使用和维护时间不断推进，从最初的引进、吸收和消化国外的先进经验，到后来实际运行经验的摸索和研究，生产单位和使用单位对于 SCR 脱硝催化剂已有了初步的了解。但无论是发电集团还是研究机构，对于催化剂寿命管理体系的研究都处于起步阶段，数据积累和经验积累都非常有限。特别是面临我国电力用煤煤种变化大、负荷不稳定、催化剂市场混乱等局面，面对严厉的环保考核机制，SCR 脱硝催化剂全寿命管理工作势在必行。

二、SCR 脱硝催化剂全寿命管理模式分析

从已投运 SCR 脱硝系统机组的运行情况来看，采取有效的催化剂管理可大大提高催化剂的利用效率，延长催化剂的使用寿命，减少因催化剂问题引起的停机或降负荷运行，保护后续设备，有利于脱硝系统的安全经济运行。我国电力用煤存在品质差别大、煤种供应不稳定、机组负荷不稳定等问题，脱硝效率、机组点火方式、运行方式及运行参数等均存在较大差异，SCR 脱硝催化剂的运行条件较为恶劣，不能生搬硬套国外的技术，必须走符合我国国情的催化剂管理之路。

华电电科院依托于华电集团约 200 台 SCR 脱硝机组的改造工程，立足于保障脱硝机组的安全经济稳定运行，从 2013 年开始，针对 SCR 脱硝改造项目，从催化剂生产、催化剂投入运行至催化剂失活后的综合处置，构建了一系列模式。SCR 脱硝催化剂全寿命管理流程如图 4-1 所示，即在催化剂生产、出厂、安装、脱硝装置运行和催化剂失活处理的过程中，对催化剂的性能、寿命、运行优化等多方面提供实时详细且具有代表性和准确性的检测数据，为催化剂寿命评估提供科学依据，最终达到保证脱硝效率的同时延长催化剂使用寿命、降低烟气脱硝系统运行成本的目的。

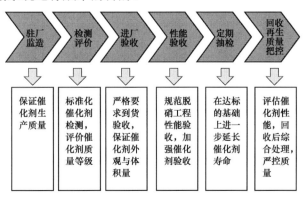

图 4-1　SCR 脱硝催化剂全寿命管理流程示意图

（一）驻厂监造

驻厂监造主要分为生产前检查、生产中检查和成品抽查三个部分。

1. 生产前检查

生产前检查主要包括对催化剂原材料品质、生产设备状态及生产品控计划等进行检查。

（1）原材料是催化剂生产的根本，其质量好坏直接关系到催化剂成品的品质。监造人员要确认原材料供货单、质检、试验报告等资料是否完整，确认现场加工用原材料是否与之相符并满足技术协议要求，对取样检测频率、检测结果、结果符合情况及真实性进行监督。

（2）生产设备状态正常是保证催化剂成品质量的关键。监造人员应对催化剂生产厂家所有的生产设备是否处于正常的状态、是否有确保所有生产设备在生产过程中保持正常运转的措施进行确认。

（3）生产品质把控对成品质量的把控起到把关的作用。监造人员应对催化剂生产厂家对半成品、成品相应的抽样检测和质量把控计划（包括抽样频率、质量控制方案、不合格样品的处置方案等）进行检查和确认。

2. 生产中检查

催化剂的生产工艺较为复杂，涉及原料混合、挤压（涂覆）、切割、干燥和煅烧等，每一步骤的生产工艺都有可能对成品的质量产生较大的影响。

（1）案例一。对某厂采购的蜂窝式催化剂进行抽样检测时，发现部分催化剂样品内部存在较大的裂纹、内部扭曲严重，且检测的径向抗压强度、硬化端磨损强度和非硬化端磨损强度均未达到技术协议的要求。究其原因发现在干燥和煅烧过程中，曾发生设备断电的情况，从而导致成品质量的不达标。

（2）案例二。对某厂采购的平板式催化剂进行抽样检测时，发现其单板厚度严重超标且存在活性物质容易脱落的现象。催化剂厂家根据情况反馈对其生产设备进行全面检查后发现涂覆用的滚轮存在较大的磨损，导致其碾压效果变差，更换滚轮后即消除异常。

因此生产中的例行检查对于催化剂成品的质量把控起着非常重要的作用，通过对生产设备运行现状和催化剂半成品外观等的检查可及时发现生产中存在的问题，及时调整生产设备的状态和生产工艺，避免不必要的损失和浪费。

3. 成品抽查

催化剂成品抽查主要分为几何特性和性能指标两个方面。

（1）几何特性。主要以观看和测量的方式对催化剂单体外观和几何尺寸进行检查，蜂窝式催化剂和平板式催化剂抽检率分别按 3% 和 6% 控制。外观检查中发现单元体（单板）几何尺寸、破损、裂纹、裂缝缺陷超过标准的应剔除。如几何尺寸抽检合格率低于 90%，应扩大抽检范围。

（2）性能指标。监造人员应对催化剂单体物理性能如抗压强度（蜂窝式催化剂）、黏附强度（平板式催化剂）、磨损强度，以及工艺特性如脱硝效率、SO_2/SO_3 转化率等指标工厂抽样检测过程进行监督，并编写监造报告（见图 4-2）。

（二）检测评价

国内针对 SCR 脱硝催化剂检测的研究起步较晚，DL/T 1286—2013《火电厂烟气脱硝催化剂检测技术规范》于 2014 年 4 月 1 日开始实施，在此之前相关生产厂商、使用单位和检测机构只能借鉴德国 VGB 标准和美国 EPRI 标准。迄今为止颁布的关于脱硝催化剂检测的标准主要有 GB/T 31587—2015《蜂窝式烟气脱硝催化剂》、GB/T 31584—2015《平板式烟气脱硝催化剂》、GB/T 31590—2015《烟气脱硝催化剂化学成分分析方法》和 DL/T 1286—2013《火电厂烟气脱硝催化剂检测技术规范》。

脱硝催化剂驻厂监造报告（范本）

一、概况

20□□年□月□日至□月□日，□□□□电厂（项目单位）和□□□□（合同签订单位）组织进行了□□□□（项目名称）催化剂驻厂监造。监造内容包括生产前检查和催化剂外观尺寸检查。监造具体情况形成报告如下。

二、生产前检查

1. 原材料情况

（1）供货

【说明原材料供货情况】

（2）原材料质检

【说明原材料的质量检验情况】

（3）原材料测试

【说明催化剂主要原材料的测试结果】

（4）技术要求

【说明现场加工用原材料是否与供货单相符并满足技术协议要求】

2. 质量控制情况

（1）生产线运行

【说明生产线设备运行及实验室仪器使用情况】

（2）产品质量控制

【说明厂家产品质量控制体系及实际运行控制情况】

3. 生产计划

【说明主要催化剂生产计划的时间节点，是否满足项目工期需求】

三、催化剂现场检查

1. 催化剂外观检查

（1）单元体外观检查

（2）模块外观检查

【说明单元体、模块的抽检率、合格率和抽检发现的主要问题，缺陷处理情况】

图 4-2　驻厂监造报告示例

SCR 脱硝催化剂的性能检测与评价是保障催化剂采购质量的关键，通过各种检测手段（依据国家标准、行业规范或企业标准等）对催化剂的理化特性和工艺特性指标进行分析，将其各指标与参考值（相关标准或技术协议）进行比较和分析，得出综合评价结果，可有针对性地指导项目单位进行催化剂的安装和维护。2013 年以前，国内外 SCR 脱硝催化剂评价的标准规范基本为空白。为应对催化剂用户直观评价的需求，华电集团在充分研究国内外 SCR 脱硝催化剂检测技术的基础上，于 2013 年 4 月制订并发布了《中国华电集团公司火电机组 SCR 脱硝催化剂强检要求》（以下简称《强检要求》），在国内外首创了催化剂综合质量等级"五色评价"体系。通过对催化剂外观特性、几何特性、理化特性和工艺特性等各项性能检测参数指标赋予不同的评价权重，根据催化剂性能检测的综合得分判定不同的质量等级。其中绿色等级最高，可直接安装；红色等级最差，不能安装，必须按合同条款处理。在后续实际应用过程中，结合 SCR 脱硝催化剂检测管理技术的发展和现场实际应用情况，华电集团于 2015 年 7 月对《强检要求》进行了修订，保证了检测与评价技术的与时俱进。

1. 催化剂样品抽取

为最大程度保障所选取催化剂样品的代表性，新催化剂的取样地点一般选在催化剂生产厂家，时间节点为催化剂成品完成（切割至需要的长度并经过硬化处理）至组装成大模块前。同时为确保催化剂生产、采购、使用和检测各方对于检测样品的认可，华电电力科学研究院实行生产厂家、工程单位、检测单位和使用单位共同参与的"四方会签取样"制度。具体做法为参与取样的各方安排取样人员至催化剂生产现场，按照随机取样的原则挑选一定数量的催化剂单元体（单板），在各方的见证下对催化剂样品进行标注、封装及邮寄（特别需要说明的是，为避免催化剂样品在运输途中外观及性能受到外力的影响而发生变化，需采用特制的运输箱），并在取样会签单（如图 4-3 所示）上签字确认样品的代表性。

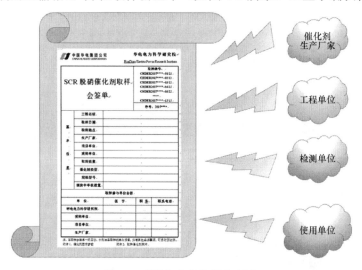

图 4-3 "四方会签取样"制度

在"四方会签取样"基础上，《强检要求》进一步规定了催化剂样品的最低取样量以及催化剂留档返检制度，从而将催化剂检测质量的管控场景前移到项目现场，满足催化剂用户对催化剂检测权威性和代表性的需求，同时确保催化剂检测结果的可追溯和可对比。

2. 理化特性检测

SCR 脱硝催化剂的理化特性包括主要化学成分、微量元素、微观比表面积、孔容、孔径、孔径分布、磨损强度、抗压强度（蜂窝式催化剂）、黏附强度（平板式催化剂）等。

（1）抗压强度。抗压强度的测试适用于蜂窝式催化剂，分为轴向抗压强度和径向抗压强度。轴向抗压强度是指沿催化剂孔道方向单位面积所能承受的最大压力；径向抗压强度是指与催化剂孔道垂直方向单位面积所能承受的最大压力。

蜂窝式催化剂轴向抗压强度要求不小于 2.5MPa，径向抗压强度要求不小于 0.8MPa。

（2）磨损强度。火电厂 SCR 系统大多采用高尘布置，即 SCR 脱硝催化剂位于省煤器和空气预热器之间，长期经受高尘烟气的冲刷，催化剂极易堵塞、磨损和中毒。而且由于我国煤种的特性及成本控制的原因，电厂往往会燃用高钙煤、劣质煤，燃用这些煤种产生的烟尘颗粒大、硬度高、成分复杂，更加剧了催化剂的磨损，严重时会缩短催化剂的更换周期，增加维护费用。因此催化剂的磨损强度检测对于催化剂的质量把控具有较大的现实意义。

1）蜂窝式催化剂。蜂窝式催化剂的磨损强度采用加速试验方法测试。其原理是采用高浓度的磨损剂在较短的试验时间内对催化剂进行冲刷、磨损和称重，称量试验样品和参比样品试验前后质量和磨损剂的质量，通过计算获得磨损强度值。

蜂窝式催化剂非硬化端的磨损强度要求不大于 0.15%/kg，硬化端磨损强度要求不大于 0.08%/kg。

2）平板式催化剂。平板式催化剂的磨损强度采用研磨法测试，测试装置为旋转式磨耗测试仪。平板式催化剂磨损强度要求不大于 130mg/100U。

（3）黏附强度。黏附强度检测仪器为柱轴弯曲试验仪。检测结果根据表 4-1 所示判定标准将黏附强度分为 5 个等级，对平板式催化剂黏附强度的要求为不大于 2.0%。

表 4-1 平板式催化剂黏附强度判定标准

判定值	1	2	3	4	5
黏附强度（%）	0～0.5	0.5～1.0	1.0～2.0	2.0～3.0	>3.0

（4）微观比表面积。从催化剂有效反应壁面（蜂窝式催化剂不包含硬化端、平板式催化剂不包含基材部分）截取一定质量的试样，放入样品管内进行真空脱气处理，以去除试样表面物理吸附的物质；试样经真空脱气处理（300℃下处理 5h）后，冷却至室温，按照 GB/T 19587 的规定，利用比表面积仪按照多点 BET 法进行比表面积测试。

蜂窝式催化剂微观比表面积要求大于 $55m^2/g$，平板式催化剂微观比表面积要求大于 $70m^2/g$。

（5）孔容、孔径及孔径分布。孔容、孔径及孔径分布采用压汞仪进行检测。其原理是非浸润液体仅在受到外压作用时方可进入多孔体，外压作用下进入样品中的汞体积与所施外力成函数关系，从而测得样品的孔容、孔径及孔径分布结果。

SCR 脱硝要求催化剂要有合适的微孔数和孔径，以及合理的孔径分布，以保证气体分子在内扩散过程中能够迅速到达催化剂的内表面。如果微孔的孔径过小，小于气体分子的动力学直径，那么气体分子就不可能进入微孔到达催化剂的内表面；如果微孔的孔径过大，相同的催化剂体积内比表面积就会偏低，从而导致烟气与催化剂可接触面积的减小，影响烟气的传质。同样催化剂中的孔径分布也很重要，一方面反应物在微孔中扩散时，如果各处孔径分布不同，会表现出差异很大的活性，只有大部分孔径接近平均孔径时，效果才最佳；另一方面如果孔径分布不合理，会产生"位阻效应"，造成气体分子在孔道外的"拥挤"，使合适的孔径得不到充分的利用，同样会减缓整个过程的速度。

（6）主要化学成分。GB/T 13584《平板式烟气脱硝催化剂》和 GB/T 13587《蜂窝式烟气脱硝催化剂》中要求 TiO_2 含量不低于 75%；V_2O_5 的含量没有范围的限制，但对不同含量范围的 V_2O_5 质量分数允许的偏差有较为详细的要求。《强检要求》中对于蜂窝式催化剂 TiO_2 含量参考值为大于 80%；平板式催化剂 TiO_2 含量参考值为大于 75%；蜂窝式催化剂 WO_3 含量参考值为不小于 3%；平板式催化剂 MoO_3 含量参考值为不小于 3%；蜂窝式催化

剂 V_2O_5 含量参考值为不大于 1.3%；平板式催化剂 V_2O_5 含量参考值为不大于 3%；催化剂 Al_2O_3 含量参考值为小于 2%；蜂窝式催化剂 SiO_2 含量参考值为小于 4%；平板式催化剂 SiO_2 含量参考值为小于 6%。

（7）微量元素。微量元素是指除主要化学成分以外的其他元素，如 K、Na、Ca、Fe、P、As 等。新的催化剂中应不含或含有尽量少的上述微量元素，但如催化剂长期暴露在烟气中，烟气中的砷（As）、碱金属（K 或 Na 等）、碱土金属（Ca 等）或磷（P）在催化剂中沉积和附着可造成催化剂的失活。在当前工程应用中，可能存在催化剂生产厂家为降低成本而大量添加废弃催化剂制成的原材料的情况，这将导致大量沉积在废弃催化剂中的微量元素（有毒物质）被带入新的催化剂中，严重影响催化剂质量。

3. 工艺特性检测

工艺特性包括脱硝效率、氨逃逸、活性、SO_2/SO_3 转化率、压力降等。众所周知，催化剂的化学寿命是指脱硝效率、氨逃逸和 SO_2/SO_3 转化率三项指标同时满足性能保证值条件下的使用时间，如三项指标中有一项无法满足性能保证值，则催化剂的化学寿命终结；催化剂活性是同时体现催化反应系统传质和化学反应速率的综合性特征值，其反映的是在特定条件下的催化剂本质特征（特定条件包括烟气温度、烟气成分、氨氮摩尔比、面速度等），对于催化剂寿命管理具有较大的意义。

实验室工艺特性检测的原理是模拟脱硝反应器实际的烟气条件来检测催化剂在实际运行工况下的性能。试验装置的主要组成部分为气瓶组、气体混合加热器、气体分配系统、模拟反应器、烟气分析系统和尾气排放处理系统等（如图 4-4 所示）。

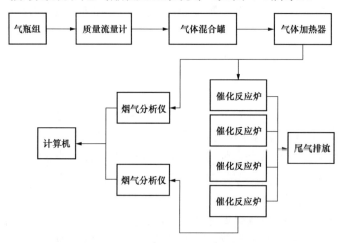

图 4-4 催化剂工艺特性检测流程图

检测流程为：根据测试要求的面速度计算所需的烟气总量，并按烟气组分浓度计算各组分的流量；其次将催化剂样品进行适当的切割（长度与实际样品长度保持一致）；按照现场的催化剂布置型式安装样品放入模拟反应器内，并确保催化剂与反应器内壁之间密封良好，连接系统管路，通入 N_2，调节气体流量，检查系统的密封性；将烟气混合器和反应器加热至模拟工况点温度，待烟气温度达到设定值后，通入模拟气体（各气体含量与脱硝系统设计条件保持一致，不含 NH_3 和 NO）平衡 30h（样品的老化），然后每隔 1h 测定反应器出口烟气中的 SO_3 和 SO_2，当连续 4 次测试数据不存在同一趋势且相对偏差小于 10% 时，老化结束；按照烟气条件通入全部气体（包含 NH_3 和 NO），稳定并保持 1h 后，每隔 1h 测定一次反应器进出口 NO_x 浓度和出口 NH_3 浓度，当连续 4 次测试数据不存在同一趋势且相对偏差不大于 3%时，脱硝效率、氨逃逸和活性测试完毕，取连续 4 次测定结果的算术平均值作为测定结果；最后停止 NH_3 的喷入，其他烟气条件保持不变，稳定并保持 1h，每隔 1h 测定一次反应器进口 SO_2 浓度和出口 SO_3 浓度，当连续 4 次测试数据不存在同一趋势且相对偏差不大于 10%时，SO_2/SO_3 转化率测试完毕，取连续 4 次测定结果的算术平均值作为测定结果，工艺特性检测结束。

催化剂活性是一个同时体现催化反应系统传质和化学反应速率的综合性特征值，其大小不仅取决于催化剂的本征物化特性，而且还取决于催化反应系统的诸多条件（烟气条件、氨氮摩尔比、面速度等）。因此为保证实验室的检测接近工程实际、直接反映脱硝装置的实际状况，在工艺特性的检测中有以下四点需要引起注意：

（1）样品尺寸。检测用样品的长度需与实际样品长度保持一致。烟气在进入催化剂孔道时，其流动状态为紊流，随着烟气沿着催化剂孔道继续流动，其流动状态逐渐由紊流转变为层流；传质系数随着催化剂长度的增加而减小，原因就在于烟气流动在整个催化剂长度范围内的绝大部分是层流状态。因此催化剂样品的长度直接影响催化剂通道内的流速，从而对催化剂的性能产生影响。

（2）烟气条件。为使催化剂的检测更好地反映反应器内催化剂的实际性能，检测用的烟气条件宜采用脱硝装置的设计烟气参数，检测条件更接近工程实际，能够直接反映脱硝装置的实际状况，提高催化剂工艺特性检测的合理性。

（3）氨氮摩尔比。德国 VGB、美国 EPRI 标准和国家标准中活性检测均在氨氮摩尔比为 1.0 的条件下进行。然而脱硝装置实际的脱硝效率一般为 75%～93%，以入口 NO_x 浓度为 400mg/m^3、出口氨逃逸含量为 3μL/L 来计算，其氨氮摩尔比为 0.765～0.945。实际的运行烟气条件与检测条件差异较大将导致实验室的检测结果没有工程意义，因此工艺特性检测时的氨氮摩尔比应以实际现场的设计条件为宜。

（4）样品布置方式。无论是德国 VGB、美国 EPRI 标准还是国家标准，均检测单层催化剂样品的活性，且每层催化剂的活性在同样的入口烟气条件下进行检测。在实际运行中，以 2+1 布置方式为例，位于反应器第一层、第二层和第三层催化剂的入口条件（NO_x 浓度和氨浓度）存在较大的差异，对于第二层和第三层催化剂而言，实验室的检测条件偏离了脱硝工程实际状况。宋玉宝和杨恂等学者均提出，实验室检测应视现场 SCR 装置中催化剂的层数情况而选择相同数量的单元体进行串联，才更接近于工程实际情况。

4. 催化剂"五色评价"体系

催化剂的外观、理化特性和工艺特性的检测结果体现的是一系列的数据，代表的是单个性能指标，但作为用户而言更多关心的是催化剂的综合性能指标、催化剂是否符合安装要求，以及运行注意事项。为了应对催化剂用户直观评价的需求，将 SCR 脱硝催化剂的分项性能检测指标与综合质量等级直观评价相结合，华电集团立足《强检要求》的应用实践情况研究 SCR 脱硝催化剂的综合质量等级评价技术，于 2013 年 8 月发布了《中国华电集团公司火电机组 SCR 脱硝催化剂综合质量等级标准》，在国内外首创了 SCR 脱硝催化剂综合质量等级"五色评价体系"。SCR 脱硝催化剂综合质量评价的前提是外观特性和几何特性的检测。它们一方面可以保障整个 SCR 脱硝系统与尾部烟道的匹配性，进而保障脱硝工程的质量；另一方面直接影响 SCR 脱硝催化剂的理化特性和工艺特性，进而影响催化剂的脱硝效果和使用寿命。SCR 脱硝催化剂综合质量评价的重点是理化特性和工艺特性，如图4-5 所示，主要是通过对 SCR 脱硝催化剂性能检测指标进行分项筛选，同时对蜂窝式催化剂和平板式催化剂等不同型式催化剂的性能检测指标分别赋予不同的评价权重。如主要化学成分中蜂窝式催化剂侧重评价 WO_3 的含量，而平板式催化剂侧重评价 MoO_3 的含量；机械性能中蜂窝式催化剂和平板式催化剂的不同检测评价内容等。此外增设特殊情况评价方法，如主要化学成分、脱硝效率和 SO_2/SO_3 转换率的严重不达标现象，以及催化剂机械强度的严重不达标现象等。通过不同权重的评价结果最终将 SCR 脱硝催化剂的综

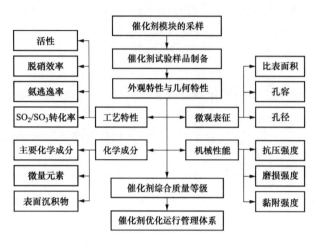

图 4-5　SCR 脱硝催化剂综合质量等级评价原理图

合质量等级划分为"绿色、黄色、橙色、紫色和红色"五个等级。其中，"绿色"等级代表可以安装；"黄色"等级代表可以安装，但需加强运行维护；"橙色"等级代表可以安装，但须签订催化剂性能保证协议；"紫色"等级代表不推荐安装，建议更换；"红色"等级代表不能安装，需按合同条款处理。

　　催化剂综合质量等级"五色评价"体系使催化剂的各项性能检测指标与催化剂的综合质量直观评价相结合，实现了催化剂评价的标准化，程序化和规范化，严格把控催化剂质量，为脱销工程整体质量的管控提供了主要的保障。

（三）进厂验收

　　通过性能检测并符合出厂要求的 SCR 脱硝催化剂还需经过出厂打包、长途运输及到厂卸货等过程才能到达 SCR 反应器。为避免装卸、运输途中发生的破损、实际数量与采购体积不符、备品备件丢失和技术资料不全等问题的发生，在 SCR 脱硝催化剂装入反应器之前，还需开展 SCR 脱硝催化剂进厂验收，主要体现为以下三个方面：

　　（1）催化剂的外观特性检查。催化剂在装卸和运输的过程中存在各种不确定因素（如受到外力的撞击、颠簸等），可能造成催化剂的破损（蜂窝式）和活性物质的剥落（平板式）等，引起催化剂外观和体积的变化，从而直接影响催化剂的反应性能。因此针对 SCR 脱硝催化剂开展进厂验收是催化剂正式投运前质量管控的关键。

　　（2）催化剂几何特性及体积量的检查。由于催化剂采取模块制（以一台 300MW 机组为例，反应器内两层催化剂约由 50～70 个模块组成），一般 SCR 脱硝催化剂采用陆路汽车运输，一台机组的催化剂模块需分多个批次运送到厂。SCR 脱硝催化剂的体积量是保障催化剂基本催化反应性能和应对燃料及负荷变动性能的重要基础，直接影响脱硝系统的达标排放。为防止催化剂模块的遗漏或其他原因产生的疏漏，催化剂运输到现场后应对催化剂的体积与催化剂采购技术协议中的相关参数进行比对，确认是否符合相应的要求。

（3）技术资料和备品备件的清点。一方面，技术资料是催化剂设计、使用、运行和维护的重要参考，在催化剂的使用过程中如有相应技术问题，需要及时查询；另一方面，在脱硝系统的运行过程中，催化剂备品备件例如测试模块等，对于催化剂质量的监测和把控具有非常重要的作用，因此对于技术资料和备品备件的清点与核算是十分必要的。

（四）性能验收

SCR 脱硝催化剂投运后的性能验收主要针对 SCR 脱硝系统展开，重点针对脱硝效率、氨逃逸率、SO_2/SO_3 转化率，以及系统阻力等工艺特性指标展开检测。性能验收一般在 SCR 脱硝系统正常投运后的 2～6 个月内进行。这一方面是催化剂自身性能的真实体现，另一方面便于及时反馈 SCR 脱硝工程的运行情况。SCR 脱硝工程的性能验收，是 SCR 脱硝催化剂在等比例真实脱硝系统内真实烟气环境中的实际性能检测；而 SCR 脱硝催化剂的实验室检测评价是催化剂在小比例脱硝反应器内模拟烟气环境中的模拟实际性能检测。在脱硝系统实际运行中，SCR 反应器性能受到飞灰堵塞、流场、浓度场和温度场均匀性的影响，与实验室的检测结果存在一定的差异。依托新鲜催化剂的检测结果与脱硝系统的性能验收结果数据库的建立，一方面可找出中型试验装置和实际运行系统之间的联系和关系，从而为中型试验更好地指导实际运行提供有力的依据；另一方面通过两者检测结果的互相对比反馈，可以进一步促进实验室 SCR 脱硝催化剂检测评价技术的发展。

（五）定期抽检

SCR 脱硝催化剂具有一定的寿命，包括化学寿命和机械寿命，在投运后受到运行时间和运行条件（如飞灰堵塞、冲蚀、高温烧结和化学中毒等）影响，其性能水平会逐渐下降，受到煤种变化程度、运行控制手段、实际烟气参数分布和催化剂堵塞等因素的综合影响，实际的催化剂活性衰减变化趋势与理论曲线往往存在一定的偏差。SCR 脱硝催化剂活性衰减将直接导致喷氨量的增大（达到相同脱硝效率的基础上），从而进一步引起氨逃逸率的升高和硫酸氢铵沉积物的增加。一方面，这会导致还原剂的浪费和机组运行经济性的降低；另一方面，则会导致下游设备空气预热器的堵塞和腐蚀和机组运行安全性的降低。

定期对运行中的催化剂开展抽样检测评估，一方面，可通过检测分析对比不同时间段运行中催化剂相对于新鲜催化剂的性能变化，将其趋势曲线与理论衰减曲线进行对比，可对催化剂的寿命预测提供依据（检测点数越多，得到的性能衰减曲线的代表性和可靠性越高）；另一方面，通过某个时间节点上催化剂的实际性能水平与理论计算值进行比较，可以及时发现脱硝装置运行异常，从而指导 SCR 脱硝工程运行优化调整，达到进一步延长催化剂的实际使用寿命和保证脱硝装置安全经济运行的目的。

1. 催化剂失活原因分析

造成 SCR 脱硝催化剂失活的原因有很多，既有运行工况的影响，也有烟气中各种有毒有害化学成分的作用，还包括烟尘的冲刷堵塞，以及温度的波动等导致催化剂活性的降低等。

（1）粉尘冲刷堵塞。煤燃烧后的产物绝大部分为含有固态金属氧化物的细小飞灰颗粒，这些颗粒与烟气中的 CO_2、SO_2 反应，部分氧化物会转化为碳酸盐、硫酸盐，金属氧化物与碳酸盐、硫酸盐及催化剂表面渐渐融为一体，小颗粒渗入催化剂内部，会堵塞部分小孔，使小孔数目减少。同时，烟气温度升高，小孔塌陷，小颗粒团聚，粒径和孔径变大。由于受复杂烟气条件影响，孔道堵塞和高温烧结会使孔道变形和堵塞，造成孔结构变化，比表面积和总孔容减小，致使催化剂活性变弱。

（2）碱金属中毒。烟气中的碱金属在催化剂的活性位上发生反应，生成不具备催化能力的化合物，从而导致催化剂的失活。

（3）砷中毒。砷中毒是导致 SCR 烟气脱硝催化剂失活的主要原因之一，催化剂砷中毒分为物理中毒和化学中毒两种。物理中毒是由于气态的 As_2O_3 分子远小于催化剂微孔尺寸，气态 As_2O_3 分子可以进入催化剂微孔，并且在微孔内凝结，从而导致其堵塞；化学中毒为气态 As_2O_3 分子扩散到催化剂活性位上并发生反应，生成不具备催化能力的稳定化合物，从而导致催化剂的失活。

（4）SO_3。SO_3 与烟气中的 CaO 和 NH_3 等发生反应，生成 $CaSO_4$、$(NH_4)_2SO_4$ 或 NH_4HSO_4 等物质，覆盖在催化剂表面或进入催化剂微观孔道，遮蔽活性位，使 NH_3 和 NO_x 难以扩散到催化剂表面，从而减少了烟气成分与催化剂活性位的接触概率。

（5）高温烧结。高温烧结是催化剂失活的重要原因之一，而且催化剂的烧结过程是不可逆的，烧结导致的催化剂活性降低，不能通过催化剂再生的方式恢复。当烟温超过 450℃ 时，催化剂的寿命就会在较短时间内大幅降低，锐钛型的 TiO_2 转变为金红石型 TiO_2，从而导致催化剂晶体粒径成倍增大，以及催化剂的微孔数量锐减，催化剂活性位数量锐减，催化剂失活。

2. 检测项目

对于运行中的催化剂，除了常规的主要化学成分、微量元素、微观比表面积、孔容、孔径、孔径分布和工艺特性检测之外，必要时还需结合以下几项检测以对催化剂的活性下降原因进行详细的分析。

（1）物相结构 X 射线衍射。X 射线衍射（X-ray Diffraction，XRD）是研究物质结构的常用方法之一，可以揭示晶体内部原子的排列状况，分析材料的晶体结构、晶格参数、晶体缺陷和不同结构相的含量等。

（2）TiO_2 晶体有三种晶型，分别为锐钛矿型、金红石型、板钛矿型。在这三种晶型中只有锐钛矿型 TiO_2 具有良好的光催化活性，而锐钛矿型 TiO_2 在高温下会转化成金红石型 TiO_2，从而失去催化活性。催化剂活性组分和载体的结构型式是影响催化剂活性的关键因素之一。采用 XRD 检测催化剂的物相组成和晶型结构等参数，从而判断催化剂是否有热烧结、新物种或化学沉积物生成等现象。

（3）酸性位。SCR 脱硝反应机理较复杂，现在比较公认的理论是 NH_3 吸附在催化剂酸性位点上与烟气中或者催化剂表面弱吸附的 NO 反应。依据该理论，催化剂表面酸性位点的多少、吸附能力的高低，对于催化剂催化活性有非常大的影响。程序升温脱附（TPD）是了解催化剂表面吸附物种及其性质的重要技术手段。NH_3-TPD 是表征催化剂表面酸性的常用技术，通过记录吸附在催化剂表面的 NH_3 随温度升高而脱附产生的信号，可以获得活性中心的多少、吸附类型的强度等信息。

（4）扫描电镜。均匀分散的粒子为催化剂提供了大量的微观孔道，有利于烟气中相关组分的催化反应，从而提高催化剂的反应活性。而催化剂在运行过程中受到烟尘堵塞、高温烧结等因素的影响，会产生板结和抱团的现象，从而导致催化剂性能的下降。通过催化剂表面形貌的分析，可以对催化剂的表面晶粒大小、颗粒分散程度等进行研究。图 4-6 和图 4-7 所示分别为某催化剂运行前后的 SEM 扫描结果，对比运行前后 SEM 图片可知，新催化剂的粒子分散较为均匀，而运行中催化剂的表面呈现出部分板结和抱团形貌。

图 4-6　运行中催化剂 SEM 扫描结果　　　　图 4-7　新催化剂 SEM 扫描结果

（5）表面沉积物。催化剂表面沉积物反映了烟气中各种组分在催化剂表面的积聚情况，部分化学物质将会与催化剂表面的活性组分发生化学反应，从而影响催化剂的活性。

为考察失活催化剂表面硫铵盐的沉积状况，利用超纯水在超声波作用下洗涤催化剂，所得上清液采用离子色谱仪检测，从而获得催化剂表面硫铵盐的沉积状况。

（六）回收再生质量把控

2014 年 8 月环保部连续发文，将废烟气脱硝催化剂（钒钛系）纳入危险废物进行管理。固体危险废物需委托具有资质的单位进行处置，相应的处置费用一般在 3000～5000 元/m³，对电厂而言会产生较高的处置成本。

当 SCR 脱硝催化剂达到化学寿命末期时，通过性能检测与分析，可进一步判断催化剂的处理方式是直接更换还是再生。对可再生的催化剂进行再生处理，实现催化剂的重复利用；对不可再生的催化剂，如能回收应用，可降低电厂处理废弃物的难度系数。例如可采取适当的方法分类提取催化剂中的金属氧化物，并将消除重金属后的催化剂作为原材料进行重新利用等。

SCR 脱硝催化剂的再生主要有清灰除尘、清洗除湿、活性植入、干燥煅烧等方式，一般催化剂可进行 2～3 次再生利用。SCR 脱硝催化剂的回收再生质量把控主要是针对再生后的催化剂开展检测评估。一方面是评估再生后催化剂的性能水平；另一方面是防止再生后催化剂与新鲜催化剂混淆，为电厂提供相应的运行和维护建议。

三、案例分析

从 2013 年初开始的被动排斥到现在的主动检测，各催化剂使用单位和催化剂厂家对于催化剂检测的态度出现了较大改变，这与催化剂强制性入厂检测为各使用单位避免了不同程度的直接和间接经济损失，以及对催化剂生产行业良性健康向上发展的促进有着密不可分的关系。

（一）案例一

A厂6号机组（1×200MW）于2013年进行脱硝改造工程时，初装两层蜂窝式催化剂（国外某品牌）196m³。取样地点在电厂，取样由电厂、工程总包方、催化剂厂家和检测机构四方见证取样，新鲜催化剂检测所取三条单元体外观完好。

1. 样品外观

在对抽取的第一条催化剂样品切割制作检测试样时，发现样品内部存在较大裂纹；对第二条催化剂样品进行切割制备检测样品时，内部裂纹依然存在，且催化剂孔道存在扭曲变形（催化剂样品照片见图4-8～图4-10）。

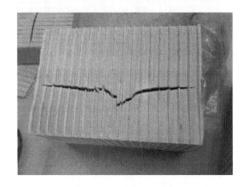

图4-8 样品内部大裂纹　　　　　　　图4-9 样品内部孔道变形

图4-10 样品内部裂纹密集

2. 理化特性检测结果

在对催化剂样品进行主要化学成分、微量元素和微观比表面积检测时，为防止催化剂制作不均匀导致测量结果出现偏差，选取样品前、中、后三个部位样本，混合均匀后进行检测。检测结果表明：TiO_2含量为56.94%，低于《强检要求》中70%～90%的参考值，也低于技术协议中TiO_2含量为85%的要求；Al_2O_3的含量为20.18%，远远超出《强检要求》中小于2%的参考值，催化剂主要成分偏离正常的范围值，存在一定的运行风险。催化剂中添加Al_2O_3后比表面积会增大（检测比表面积为82.4m²/g，远高于《强检要求》中比表面积不小于50m²/g的要求），催化剂微孔数量增大，但平均孔径减小。检测新催化剂的径向抗压强度为0.383MPa，远低于《强检要求》中径向抗压强度不低于0.8MPa的要求；硬化端磨损强度为 0.107%kg，非硬化端磨损强度为 0.211%kg，均超过《强检要求》中硬化端磨损强度不大于 0.08%/kg 和非硬化端磨损强度不大于 0.15%/kg 的要求。

2013 年版《强检要求》中并未对主要化学成分有评价扣分的要求，但鉴于上述催化剂外观和相关理化特性的检测结果，华电电科院在检测报告中给出了"鉴于检测催化剂中存在的上述情况可能严重影响催化剂寿命，建议进一步详细核实问题后再决定安装催化剂"的建议，电厂根据检测报告与工程总包方签订了相关的性能保证协议。

在催化剂运行一年后，电厂对反应器内催化剂情况进行了整体性检查，发现催化剂发生了大面积磨损、破裂和断裂，抽取样品时甚至无法取到完整的催化剂单元体。样品内部存在较多宽且长的裂纹，催化剂内壁有穿孔现象，部分气流孔道存在变形（见图 4-11～图 4-13）。同时对催化剂的部分理化特性进行了检测，检测结果见表 4-2～表 4-4。

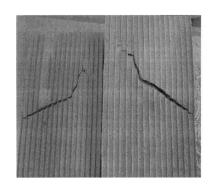

图 4-11　运行后催化剂内部裂纹

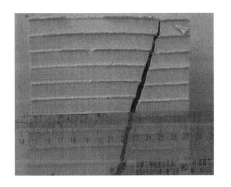

图 4-12　运行后催化剂内部大裂纹

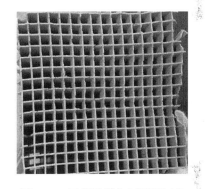

图 4-13　运行后催化剂断面扭曲

表 4-2　　　　新鲜催化剂和运行一年后催化剂样品主要化学成分检测结果

项目	单位	催化剂测试值		变化率（%）
		新鲜	运行一年后	
二氧化钛		56.94	51.64	−9.31
三氧化钨		2.98	2.81	—
三氧化钼		2.15	2.35	—
五氧化二钒		2.14	1.99	−7.00
三氧化二铝	%	20.18	19.24	—
二氧化硅		7.21	4.83	—
氧化钙		1.76	1.13	—
五氧化二磷		—	0.94	
三氧化硫		—	11.46	

表 4-3 　　　　　　　　新鲜催化剂和运行一年后催化剂样品微量元素检测结果

项目	单位	催化剂测试值		变化率（%）
		新鲜	运行一年后	
钾	μg/g	300	398	—
钠		1800	1347	—
钙		—	—	—
铁		2700	2009	—
砷		—	2014	—

表 4-4 　　　　　　　　新鲜催化剂和运行一年后催化剂样品微观结构检测结果

项目	单位	催化剂测试值		变化率（%）
		新鲜	运行一年后	
比表面积	m^2/g	82.4	41.3	−49.88
孔容	mL/g	0.22	0.17	−22.73
孔径	nm	52.9	81.7	54.44

试验结果表明，运行一年后催化剂主要化学成分中相对原有新鲜催化剂变化较显著的是 SO_3 含量的急剧上升，分析其原因是烟气中的 SO_2 和 SO_3 与催化剂中的 Al_2O_3 发生反应生成 $Al_2(SO_4)_3$ 导致。$Al_2(SO_4)_3$ 会堵塞催化剂中有效反应孔道，导致催化剂的微观比表面积下降，从而引起催化剂活性和脱硝效率的急剧下降。同时，过多的 Al_2O_3 会破坏晶体结构，导致催化剂扭曲变形，影响机械性能。P_2O_5 的含量也有显著升高，磷对催化剂活性位（V＝O）存在化学性磷中毒或磷掩蔽的作用；同时运行一年后的比表面积下降幅度达 49.88%，孔径升高了 54.44%。

通过该项目催化剂的检测，一方面通过安装前签订的催化剂质量保证协议和运行一年后催化剂的检测报告，工程总包方对该批次催化剂整体免费更换，从而为电厂减少了近 600 万元损失；另一方面华电电科院通过该次检测中发现的问题，积累了经验，为之后《强检要求》（2015 年版）的修订提供了依据。

（二）案例二

B 厂 2 号机组（1×300MW）2013 年进行脱硝改造工程时，初装三层蜂窝式催化剂（国内某品牌）420m³，取样地点在催化剂厂家，取样由电厂、工程总包方、催化剂厂家和检测机构四方见证取样，所取三条单元体外观完好。

新催化剂外观正常，没有破损和裂纹。在对催化剂样品进行理化特性和工艺特性检测时，主要化学成分、微量元素、微观比表面积和脱硝效率等在《强检要求》正常范围之内。但检测催化剂的径向抗压强度为 0.362MPa、轴向抗压强度为 1.994MPa，远低于《强检要求》中径向抗压强度不低于 0.8MPa 的要求和轴向抗压强度不低于 2.5MPa。硬化端磨损强度为 0.183%/kg，非硬化端磨损强度为 0.293%/kg，均大大超过《强检要求》中硬化端磨损强度不大于 0.08%/kg 和非硬化端磨损强度不大于 0.15%/kg 的要求。按照《强检要求》的评分结果，得分为 50.7。且按照《强检要求》的综合质量等级标准"当指标出现如下情况之一的，综合得分按小于 60 分考虑……2.蜂窝式催化剂：轴向抗压强度低于 1.00MPa、径向抗压强度低于 0.30MPa、非硬化端磨损强度大于 0.25%/kg 或硬化端磨损强度大于 0.16%/kg"。因此判定其综合质量等级为紫色，不推荐安装，建议更换。鉴于项目工期紧张，催化剂安装不得拖延，但电厂根据催化剂检测报告出具的综合结论与工程总包方签订了催化剂质量保证协议，如催化剂因机械强度引起质量问题由工程总包方免费更换。

运行一年后，电厂对该机组 A、B 两侧反应器中三层催化剂均进行了取样，并送样至华电电科院进行质量检测。通过外观检查发现送检的 6 条催化剂均磨损严重，内部有轴向和径向裂纹，内壁厚度减薄较为严重，照片如图 4-14～图 4-16 所示。

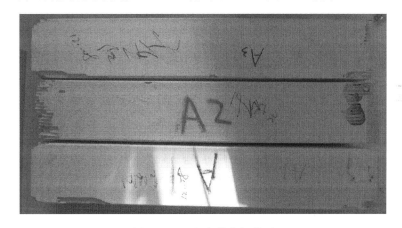

图 4-14　运行中催化剂外观

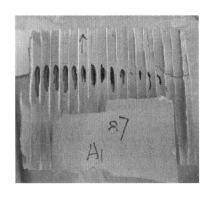

图 4-15　催化剂内部磨损穿孔

图 4-16　催化剂内部大裂纹

运行一年后催化剂的部分特性检测结果见表 4-5～表 4-7。

表 4-5　　　　　　　　运行一年后催化剂主要化学成分检测结果

主要化学成分	符号	单位	A1	A2	A3	B1	B2	B3	新鲜催化剂
二氧化钛	TiO_2	%	86.70	85.64	85.79	85.48	85.38	85.07	85.73
三氧化钨	WO_3	%	5.04	5.16	5.04	5.03	5.02	5.00	4.59

主要化学成分	符号	单位	A1	A2	A3	B1	B2	B3	新鲜催化剂
三氧化钼	MoO_3	%	—	—	—	—	—	—	—
五氧化二钒	V_2O_5	%	—	0.38	0.44	0.30	0.35	0.46	0.82
氧化钡	BaO	%	—	—	—	—	—	—	—
三氧化二铝	Al_2O_3	%	0.68	0.62	0.72	0.79	0.92	0.77	0.75
二氧化硅	SiO_2	%	3.31	3.48	3.69	3.81	4.08	3.68	3.62
氧化钙	CaO	%	1.20	1.19	1.18	1.20	1.36	1.18	1.22
五氧化二磷	P_2O_5	%	—	—	—	—	—	—	—
三氧化硫	SO_3	%	2.42	2.63	2.26	2.58	2.25	2.91	1.25

表 4-6　　　　　　　　　　　运行一年后催化剂微量元素检测结果

微量元素	符号	单位	A1	A2	A3	B1	B2	B3	新鲜催化剂
钾	K	$\times 10^{-6}$	1967	1710	1419	2639	2017	3287	62
钠	Na	$\times 10^{-6}$	1628	1332	1073	1695	1325	2390	230
钙	Ca	$\times 10^{-6}$	—	—	—	—	—	—	—
铁	Fe	$\times 10^{-6}$	301	231	385		259	182	210
磷	P	$\times 10^{-6}$	166	135	135	192	113	214	86
砷	As	$\times 10^{-6}$	—	—	—	—	—	—	—
镁	Mg	$\times 10^{-6}$	174	156	258	360	198	240	
钡	Ba	$\times 10^{-6}$	—	—	—	—	—	—	
锆	Zr	$\times 10^{-6}$	266	252	229	259	222	252	
铌	Nb	$\times 10^{-6}$	364	476	546	343	539	329	

表 4-7　　　　　　　　　　　运行一年后催化剂微观结构检测结果

项目	符号	单位	A1	A2	A3	B1	B2	B3	新鲜催化剂
比表面积	S_A	m^2/g	54.57	56.21	54.68	52.84	52.95	53.78	60.6
孔容	V_g	mL/g	0.29	0.29	0.26	0.28	0.27	0.28	0.20
平均孔径	ϕ	Å	107.2	102.0	94.8	107.2	103.7	103.6	62.5

　　从表 4-5 可以看出，催化剂的活性组分 V_2O_5 流失较为严重，其中 A1 样品中未检出 V_2O_5，其他 5 个样品的 V_2O_5 较新鲜催化剂也存在不同程度的流失（减少量约为 43.9%～63.4%）。而且六个样品中 SO_3 含量较新鲜催化剂均有较大程度的提高（增加量约 80.0%～132.8%），一些硫酸盐类如（NH_4）$_2SO_4$、NH_4HSO_4 和 $CaSO_4$ 等极易沉积在催化剂表面。硫酸盐的沉积不仅会堵塞孔道、降低催化剂的比表面积，还会覆盖活性位，从而导致催化剂活性的下降。

　　表 4-6 所示检测结果表明运行中催化剂中 K、Na 和 P 的浓度相对于新鲜催化剂有明

显的升高，碱金属的大量沉积会导致催化剂表面酸性的明显降低，从而引起催化剂活性的降低。

通过催化剂初装时签订的催化剂质量保证协议和运行一年后催化剂的检测结果，工程总包方和催化剂厂家对 B 厂 2 号机组的催化剂进行了免费更换，从而减少了近 500 万元的经济损失。

（三）案例三

C 厂 2 号机组（1×1000MW）于 2013 年 5 月进行脱硝改造工程时初装两层蜂窝式催化剂（国内某品牌）832.8m³，初装时该台机组催化剂未进行强制性检测，因此以运行中催化剂与该厂 1 号机组同类型新鲜催化剂的检测结果进行比较。催化剂生产厂家、催化剂采购单位和催化剂使用单位签订的催化剂采购技术协议要求为：脱硝装置入口 NO_x 浓度为 300mg/m³（标准状态、干态、6%O_2）时在性能试验期间脱硝效率不低于 82%；在催化剂质量保证期期满之前，脱硝效率不低于 80%，且 NO_x 排放浓度不超过 60mg/m³（标准状态、干态、6%O_2）；氨逃逸浓度不大于 3μL/L（标准状态、干态、6%O_2），SO_2/SO_3 转化率小于 1%。

运行 2 年后，电厂于 2015 年 11 月结合停机机会对 A、B 反应器两层运行中催化剂均进行了取样分析，工艺特性检测结果如表 4-8 所示。

表 4-8   催化剂工艺特性检测结果

样品编号	脱硝效率（%）	氨逃逸率（μL/L）	SO_2/SO_3 转化率（%）	活性（m/h）
A2＋A3	80.7	1.7	0.89	20.9
B2＋B3	80.5	0.4	0.95	26.3

从上述工艺特性结果来看，在设计烟气条件下，A 侧和 B 侧催化剂样品组合的脱硝效率、氨逃逸浓度和 SO_2/SO_3 转化率能同时满足设计值的要求。但值得注意的是 A 侧与 B 侧存在较大差异。经过与电厂的沟通得知，在实际运行过程中，A 侧与 B 侧的喷氨量存在较大差别，且趋势与实验室检测结果一致。该现象表明在两个反应器中烟气的流场、浓度场和速度场可能存在较大的偏差，使用单位应对其进行调整，以达到脱硝系统达标排放和经济安全运行的目的。

该项目进一步表明实验室的检测结果可以从一定程度和角度上反映现场脱硝系统的实际运行情况。通过对运行中催化剂的定期性能检测，不仅可以了解催化剂的性能衰减情况，还可以对脱硝系统的运行优化提供依据和建议。

（四）案例四

我国的火力发电机组普遍存在实际燃烧煤质与设计煤质偏差较大、运行不稳定的现象，导致催化剂实际运行工况与脱硝系统的实际条件波动较大。另外各机组的运行方式和维护水平也会导致催化剂活性衰减偏离理论曲线。D 厂 1 号机组（1×1000MW）于 2014 年 4 月进行脱硝改造工程时初装两层蜂窝式催化剂（国内某品牌）637.68m³，设计化学寿命为 24000h。2015 年 11 月，催化剂连续运行 13000h 后，对运行中催化剂进行了取样分析，活性的测试结果为 $K/K_0=0.94$；2016 年 10 月，催化剂连续运行 20000h 后，再次对运行中催化剂进行了取样分析，活性的测试结果为 $K/K_0 = 0.84$。该项目催化剂活性理论衰减曲线和实际活性衰减曲线如图 4-17 所示。

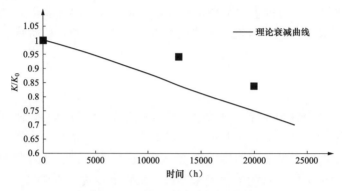

图 4-17 D 项目催化剂失活曲线

从图 4-17 可以看出，该机组实际运行中 SCR 催化剂活性实测值要高于理论值，活性随时间的变化规律与理论衰减曲线基本一致。

E 厂 1 号机组（1×300MW）于 2013 年 7 月进行脱硝改造工程时初装两层蜂窝式催化剂（国内某品牌）316.80m^3，设计化学寿命为 24000h。2014 年 7 月，催化剂连续运行 8000h 后，对两个反应器内运行中催化剂进行了取样分析，A 侧活性的测试结果为 $K/K_0 = 0.88$，B 侧活性的测试结果为 $K/K_0 = 0.93$；2015 年 7 月，催化剂连续运行 16000h 后，再次对运行中催化剂进行了取样分析，A 侧活性的测试结果为 $K/K_0 = 0.78$，B 侧活性的测试结果为 $K/K_0 = 0.83$。催化剂活性理论衰减曲线和实际活性衰减曲线如图 4-18 所示。从图中可以看出，实际运行中 A 侧 SCR 催化剂活性实测值要低于理论值，而 B 侧 SCR 催化剂活性实测值要高于理论值。针对上述检测结果，使用单位对脱硝系统的喷氨和浓度场进行了优化调整，并于 2016 年 7 月催化剂连续运行 24000h 后，再次对运行中催化剂进行了取样分析。该次检测 A 侧活性的测试结果为 $K/K_0 = 0.78$，B 侧活性的测试结果为 $K/K_0 = 0.79$。检测结果表明，经过系统调整并运行 24000h 后，A 侧催化剂活性衰减由理论曲线下方转向理论曲线上方，且两侧催化剂活性衰减的差异较前两年有所缩小。

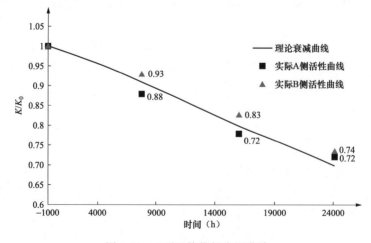

图 4-18 E 项目催化剂失活曲线

四、小结

对催化剂进行管理，即通过对催化剂进行性能检测，管控催化剂质量，预判催化剂的加装、更换及再生时间节点，指导脱硝系统运行优化，从而达到充分利用催化剂的剩余寿命、使脱硝装置在最优模式下运行、保证脱硝系统的安全经济运行和减轻电厂处置失活催化剂负担的目的。

SCR 脱硝催化剂全寿命管理体系是以催化剂性能检测为指导、以催化剂性能验收为标准、以催化剂生产为切入点、以催化剂更换并回收处理为结点、以延长催化剂寿命为目的，实时掌握脱硝催化剂的性能水平，发现催化剂运行异常时及时评估诊断催化剂性能，配套制定针对性措施。通过上述各方面的合理管控，可保证在 SCR 装置满足各项环保要求的前提下，最大限度地挖掘催化剂的潜能，延长催化剂使用寿命。同时也可大幅度降低因催化剂日常运行管理不当而导致空气预热器腐蚀和堵塞等一系列影响机组安全经济和环保运行的风险，使脱硝催化剂与脱硝系统成为一个有机的整体。总而言之，对 SCR 脱硝催化剂进行全寿命管理，即以管理制度化、程序标准化、控制及时化的管理模式延长脱硝催化剂的使用寿命，最终达到节能降耗的目的。

5

SCR 脱硝装置优化调整技术

一、背景

近年来为适应 GB 13223—2011《火电厂大气污染物排放标准》及日益严格的火力发电厂污染物排放要求，燃煤机组广泛开展了脱硝改造工作，集中建设了大量烟气脱硝装置。选择性催化还原法（SCR）是燃煤机组最常用的脱硝工艺，脱硝效率可达 90% 以上，广泛应用于大型燃煤锅炉。该工艺大致由 SCR 反应器系统、氨气喷射系统、还原剂的存储制备供应系统、检测控制系统等组成。脱硝还原剂一般采用液氨、氨水及尿素。SCR 反应器置于锅炉之后，其布置方式可分为高含尘烟气段布置、低含尘烟气段布置和尾部烟气段布置三种，其中高含尘烟气段布置方式应用业绩最多。

在电厂实际运行中，由于现场反应区实际情况的复杂性和设备安装制造的局限性，如反应器入口烟气速度、组分、温度场分布，以及喷氨格栅喷嘴出口氨气流速、温度、流量均布偏差等原因，使得脱硝喷氨格栅喷嘴的 NH_3 浓度分布不均、喷氨量偏差或氨氮摩尔比偏差，且存在在线表计安装位置代表性差等问题，往往造成脱硝装置出口 NO 浓度场偏差大。随着脱硝装置运行时间的延长，SCR 系统中存在催化剂老化导致的性能下降、喷氨口堵塞、喷氨流量控制不均匀等问题，这些问题也会导致 SCR 反应器内各区域 NH_3/NO_x 不匹配，局部脱硝效率差异较大，从而影响整个氨逃逸，使得氨逃逸浓度偏大。逃逸氨会与烟气中的三氧化硫反应生成黏结性的硫酸铵盐，长时间运行会影响催化剂及空气预热器的寿命及安全运行。要解决该类问题需进行脱硝装置优化调整，使得喷氨流量与脱硝装置入口温度场、NO_x 浓度场及烟气流场相匹配，确保脱硝装置出口 NO 浓度场分布的均匀性。为了解决 SCR 脱硝装置运行过程中存在的问题，积极开展 SCR 脱硝装置优化调整工作具有重要实际意义，应当引起燃煤电厂的广泛重视。

二、技术分析

如上所述，随着脱硝装置运行时间的延长，由于锅炉燃烧工况变化、喷氨调节阀门特性变化、导流构件积灰磨损等原因，脱硝装置内部流场会发生变化。当变化较小时，可通过喷氨优化工作对流场变化进行适应，满足脱硝装置的运行要求。而当变化较大，或脱硝装置设计不合理时，仅通过喷氨优化无法消除流场问题，此时就需要开展流场优化技术服务工作，对问题进行彻底解决。

（一）喷氨优化调整

如图 5-1 所示，喷氨优化调整试验须逐步进行，一般应在锅炉常规运行负荷条件下开展。主要包括以下内容：

（1）试调喷氨阀。通过试调喷氨支管阀门的开度，初步掌握阀门的调节特性，了解阀门灵敏的开度范围。

（2）管间粗调。在试调的基础上对整个反应器喷氨截面上的各喷氨支管进行大幅度调节，降低截面上的高峰值和低谷值。经过 3～5 轮左右的粗调后，基本可实现截面层次上的均匀。

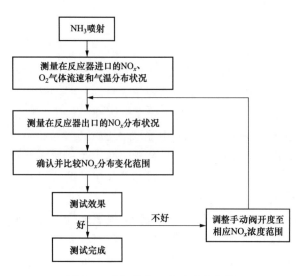

图 5-1　喷氨优化调整试验流程图

（3）深度方向上细调。需在熟悉氨阀特性和粗调均匀的基础上，对每个烟气测孔不同深度的喷氨支管进行微调，使深度方向上各点浓度接近。判定优化效果的标准一般是脱硝反应器出口 NO_x 浓度分布偏差小于 $\pm 15\%$。

（4）在常规负荷外开展其他负荷条件下的复核，适当兼顾其他负荷条件下的运行效果。

通过喷氨优化调整试验，能够达到以下目标：

（1）提高脱硝装置 NO_x 均匀性，脱硝系统不同区域脱硝效率趋于均匀，减少还原剂耗量。

（2）脱硝装置出口 NO_x 浓度场分布均匀性良好，脱硝装置出口 NO_x 浓度在线监测数据能够与总排口 NO_x 浓度在线监测数据保持一致。

（3）氨逃逸浓度得到有效控制，确定脱硝装置实际脱硝能力，提前预测催化剂使用寿命和做好更换催化剂的准备工作。

（二）流场优化

目前实际工程上的喷氨优化通常是测量获得的反应器出口 NO_x 浓度和氨逃逸，根据经验反复调节各喷氨支管的手动氨阀开度来实现的，为后反应调节模式，存在试验工作量大、难以整体把握等问题。在 SCR 脱硝系统设计阶段，CFD 数值模拟已成为重要的工具，主要用于进行导流板、整流器、混合器的设计，以及喷氨格栅形式布置等的设计，以优化其流场和喷氨。但其普遍存在反应器入口条件未知的问题，一般通过作均一性假设来解决。锅炉燃烧系统十分复杂，这就会使得设计阶段的脱硝反应器入口模拟条件与实际运行时的条件存在一定偏差。对于在运行的脱硝系统，结合现场实测数据，利用 CFD 模拟进行二次优化，消除原始设计条件造成的偏差，将成为脱硝优化的新方向。运行阶段的脱硝优化既能简化现场工作，也易于根据网格法测量数据形成自动控制系统，实现在线的脱硝优化控制，有其自身的优势。SCR 脱硝流场优化技术服务工作一般包括以下内容：

（1）现场试验测试 SCR 入口流速、温度、NO_x/NH_3 浓度场分布，以及出口 NO_x 浓度场与 NH_3 逃逸浓度，对 SCR 脱硝流场进行全面摸底。

（2）基于摸底测试结果，结合原脱硝装置流场设计资料，对脱硝装置进行全面数值模拟，根据模拟结果进行流场校核与优化，提出优化方案。

（3）基于数值模拟提出的流场优化方案，开展脱硝装置物理模型试验，对流场优化效果进行校核与进一步优化，确定最终流场优化方案。

（4）实施流场优化方案，一般需涉及调整/增加脱硝装置内流场调整部件，必要时需对反应器结构进行局部调整，或增设吹灰器等。

（5）流场优化改造完成后，进行系统的评估优化试验，确保改造达到预期效果。

三、案例分析

（一）项目概况

某电厂 8 号机组配套东方锅炉厂生产制造的 DG3000/26.15-Ⅱ1 型锅炉，为复合变压运行的超超临界本生直流锅炉，一次再热、单炉膛、尾部双烟道结构，采用烟气挡板调节再热汽温、固态排渣、全钢构架、全悬吊结构、平衡通风、露天布置、前后墙对冲燃烧，燃用济北矿区煤。脱硝装置设计入口烟气中 NO_x 浓度为 400mg/m³（标准状态、干基、6%O_2），2 层催化剂运行，脱硝效率保证值为不小于 80%，氨逃逸浓度不大于 2.28mg/m³，SO_2/SO_3 转化率不大于 1%，脱硝装置系统压力损失不大于 800Pa。经过长时间运行，脱硝装置存在局部氨逃逸超标、NO_x 浓度场分布不均、空气预热器压差大等问题。

（二）优化方案

优化试验期间主要测试脱硝装置 SCR 入口 NO_x 浓度、脱硝效率、氨逃逸浓度、出入口温度分布、出入口速度分布等。考查在满足 8 号机组 SCR 脱硝装置脱硝效率下各参数场分布情况，并对可能影响到脱硝效率的各个环节进行全面的检查和测试，旨在通过全面的检查和现场测试找出可能影响到脱硝效率和 NH_3 逃逸的因素。测试内容主要包括脱硝装置 SCR 出入口 NO_x 浓度场分布测试、烟气出入口烟气布气均匀性试验、SO_2/SO_3 转化率测试试验、反应器出入口速度场分布测试、反应器出口 NH_3 浓度测试、系统阻力。

（三）优化试验结果对比

调整前后脱硝装置喷氨调节阀门开度对比情况如表 5-1 所示。

表 5-1   调整前后喷氨格栅调节阀门开度对比

调节阀门编号	A1	A2	A3	A4	A5	A6	A7	A8	A9	A10	A11	A12	A13
原开度编号	2.0	2.0	3.0	3.0	3.0	3.0	4.0	3.0	4.0	3.0	3.0	3.0	3.0
调后开度编号	2.0	2.0	2.0	2.0	3.5	4.0	3.0	3.0	3.0	3.0	3.5	3.5	4.0
调节阀门编号	A14	A15	A16	A17	A18	A19	A20	A21	A22	A23	A24	A25	A26
原开度编号	3.0	3.0	3.0	4.0	4.0	4.0	4.0	3.0	3.0	3.0	3.0	2.0	2.0
调后开度编号	2.0	3.0	2.0	2.0	3.0	4.0	4.0	3.5	4.0	3.0	3.0	2.5	2.0
调节阀门编号	B1	B2	B3	B4	B5	B6	B7	B8	B9	B10	B11	B12	B13
原开度编号	2.0	2.0	3.0	3.0	3.0	4.0	3.0	3.0	3.0	3.0	3.0	3.0	3.0
调后开度编号	3.0	2.0	2.5	3.0	4.0	4.0	3.0	3.0	3.0	3.0	3.0	3.5	2.0
调节阀门编号	B14	B15	B16	B17	B18	B19	B20	B21	B22	B23	B24	B25	B26
原开度编号	3.0	3.0	3.0	4.0	3.0	4.0	3.0	4.0	3.0	2.0	2.0	2.0	2.0
调后开度编号	3.0	3.0	2.5	3.0	2.0	3.0	3.0	3.0	2.5	2.5	2.5	2.5	3.0

调整前后满负荷工况下脱硝装置反应器出口烟道截面 NO_x（mg/m^3）浓度分布如图 5-2 和图 5-3 所示。

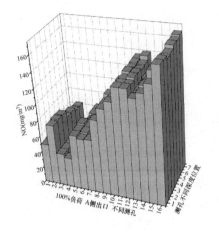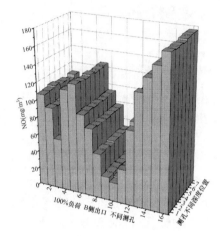

图 5-2   调整前反应器出口烟道截面 NO_x（mg/m^3）浓度分布

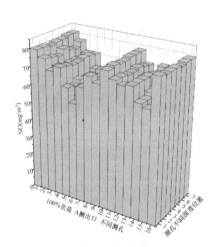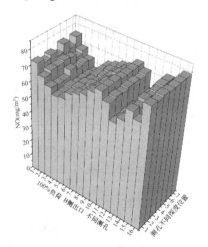

图 5-3   调整后反应器出口烟道截面 NO_x（mg/m^3）浓度分布

调整前后脱硝装置脱硝效率与氨逃逸对比情况见表 5-2。

表 5-2 调整前后效率与氨逃逸对比

项　　目	单位	1000MW 工况	800MW 工况
调整前			
脱硝效率	%	66.0	77.1
氨逃逸	$\times 10^{-6}$	2.35	2.56
调整后			
脱硝效率	%	76.6	81.9
氨逃逸	$\times 10^{-6}$	2.03	2.30

调节阀门开度调整前，100%负荷工况，SCR A 侧出口 NO$_x$ 浓度场不均匀度为 42.0%，SCR B 侧出口 NO$_x$ 浓度场不均匀度为 44.5%；调节阀门开度调整后，SCR A 侧出口 NO$_x$ 浓度场不均匀度为 10.0%，SCR B 侧出口 NO$_x$ 浓度场不均匀度为 10.1%。在脱硝效率略有上升的基础上，氨逃逸有所下降，达到了良好的脱硝运行优化效果。在保证氨逃逸浓度分布均不超过 3×10^{-6} 的前提条件下，经测试 A 侧反应器的最大效率约为 80.8%，B 侧反应器的最大效率约为 83.8%，两侧平均效率 82.3% 为当前该套装置的最大出力点。

四、小结

由于设计偏差及实际运行状况波动等原因，在 SCR 脱硝实际运行中，应及时开展脱硝装置优化调整工作，从而避免脱硝效率下降、氨逃逸增加、空气预热器堵塞严重等问题。喷氨优化调整与流场优化是解决上述问题的两个重要手段。需要特别说明的是，喷氨优化技术服务仅能解决 SCR 脱硝装置喷氨不均匀或程度较轻的流场不均匀问题。对于脱硝装置流场设计存在重大缺陷或反应器内催化剂存在大面积堵塞、磨损等问题的项目，仅依靠喷氨优化技术服务是无法达到恢复性能保证值效果的。此时需要根据喷氨优化技术服务结果进行进一步的运行诊断及停机检查技术服务工作，在此基础上实施流场优化改造以彻底解决问题。

6

SCR 脱硝还原剂液氨改尿素技术

一、背景

自 2011 年发布 GB 13223—2011《火电厂大气污染物排放标准》，我国火电厂正式全面迈入脱硝时代。脱硝还原剂主要有液氨、尿素和氨水。液氨属于危险化学品，但其投资和运行成本低；尿素是含氮量最高的中性固体化肥，易于保存和运输；氨水的安全性介于尿素与液氨之间，但由于其浓度低、体积庞大，所以运输成本高，蒸发气化能耗高。在火电机组大规模进行脱硝改造初期，根据国家、行业脱硝设计技术标准（导则、规范）、政策文件要求，通过技术经济性比较，SCR 烟气脱硝装置多采用液氨作为还原剂。

根据 GB 18218—2009《危险化学品重大危险源辨识》的规定，氨的储存量若超过 10t 即成为重大危险源。《危险化学品重大危险源监督管理暂行规定》（国家安全生产监督管理总局令 第 40 号）要求，安全生产监督管理部门在监督检查中发现重大危险源存在事故隐患的，应当责令立即排除；重大事故隐患排除前或者排除过程中无法保证安全的，应当责令从危险区域内撤出作业人员，责令暂时停产停业或者停止使用；重大事故隐患排除后，经安全生产监督管理部门审查同意，方可恢复生产经营和使用。GB 50016—2014《建筑设计防火规范》和 GB 50160—2008《石油化工企业设计防火规范》将氨界定为乙类火灾危险性可燃气体，对其防火间距要求极为严格。《国务院安委会关于深入开展涉氨制冷企业液氨使用专项治理的通知》（安委〔2013〕6 号）要求取缔关闭一批不具备安全生产基本条件的非法违法企业，治理整改一批液氨使用存在安全隐患的企业。

2013 年吉林省长春市宝源丰禽业有限公司"6·3"特别重大液氨火灾爆炸事故发生后，部分地方政府开始加大对液氨使用的限制，并加强了对液氨使用的监管力度。火电厂 SCR 脱硝装置采用液氨作为还原剂，也越来越受到安全监管部门的关注，尤其是位于大城市周边、人口稠密地区、水源地等地区的火电厂，液氨替代逐渐被一些地方政府和用氨火电企业提上日程。尿素具有性状相对稳定、对环境无直接危害、运输储存安全方便等特点，已成为火电厂 SCR 脱硝装置液氨替代品首选。

二、尿素制氨技术分析

尿素制氨的工艺原理是尿素溶液在一定温度下发生分解，生成氨气和二氧化碳。尿素制氨分为热解和水解两种方法。

（一）热解

热解制氨工艺主要有炉外热解制氨、炉内热解制氨和 SCR 入口烟道直喷热解制氨 3 种形式，其中炉外热解制氨应用最广。其基本工艺流程为：袋装尿素经人工破碎或罐装尿素经气力输送进入尿素溶解罐，在溶解罐内制成浓度约为 50% 的尿素溶液，并经配料输送泵进入尿素溶液储罐内储存；再由尿素溶液输送泵送入计量分配模块，采用压缩空气并经特殊设计的喷枪将尿素溶液雾化喷入热解炉，在 350～650℃ 的热风作用下分解出 NH_3 和 CO_2，形成含氨浓度小于 5% 的混合气，经喷氨格栅进入 SCR 入口烟道。简易流程如图 6-1 所示。

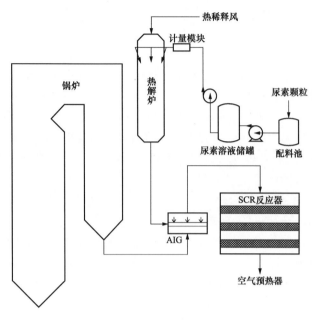

图 6-1　炉外尿素热解技术流程图

热解所需热风可以电、油和天然气为热源。由于采用油和天然气成本较高，国内热解大多数采用电能。为减少厂用电，可引热一次风或者热二次风作为初级热源，再用电加热器加热到 600℃左右进入热解炉。

为进一步降低电耗，近几年相关厂家提出采用炉外气气换热器替换电加热器方案。其基本工艺流程为：从锅炉转向室引出 600～700℃的高温烟气至换热器，高温烟气从换热器上部引入换热器管程，经放热后从换热器下部引出，接入 SCR 反应器出口空气预热器入口的烟道；稀释风从热一次风管道上开孔引出接至换热器下部侧面，走换热器壳程，经吸热后从换热器上部侧面引出，最终进入热解炉。气气换热器采用垂直布置，高温烟气管路依靠原有烟道的压差实现烟气的流通，空气管路依靠一次风机压头实现流通。由于换热介质温度较高，换热器投资偏高，具体工艺流程如图 6-2 所示。

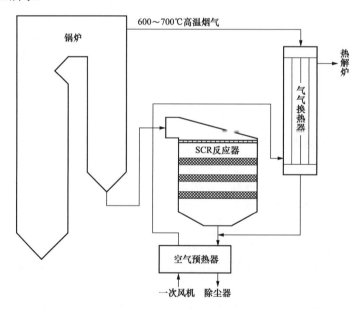

图 6-2　采用炉外气气换热器的尿素热解技术流程示意图

（二）水解

尿素水解是尿素制备过程的逆反应，在化肥领域通过水解反应对尿素废液进行回收利用。水解反应为强吸热反应，由下列两步反应组成：

$$CO（NH_2）_2+H_2O \longrightarrow NH_2COONH_4+15.5kJ/mol$$

$$NH_2COONH_4 \longrightarrow 2NH_3+CO_2-177kJ/mol$$

尿素水解技术主要有 AOD 法、U2A 法及 Safe DeNO$_x$ 法三种。AOD 法由于水解反应器易污堵且出口气体组成波动较大、运行控制不便，应用较少。

1. U2A 法

U2A 法是应用最为广泛的尿素水解法，其工艺流程如图 6-3 所示。

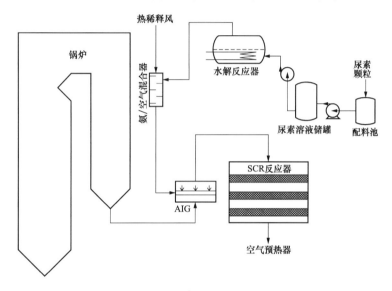

图 6-3　U2A 尿素水解工艺流程

　　浓度约为 50% 的尿素溶液被输送至尿素水解反应器内，饱和蒸汽通过蒸汽盘管间接加热尿素溶液使之发生反应，反应条件为 130～160℃、0.4～0.6MPa。水解器的出力通过水解反应的速度进行控制，反应速度由温度和液位进行调节，水解器温度由蒸汽的用量来控制。水解反应速度较慢，但由于水解反应器本体集成有氨气缓冲空间且水解反应器容积较大，一般其反应速率能跟上机组负荷的变化。由于尿素水解采用低品质饱和蒸汽，且从尿素水解器出来的饱和水还可以用来加热尿素溶液，故其能耗水平相对较低。由于尿素溶液具有腐蚀性且水解温度较高，所以水解反应器材质为 316L 不锈钢且采用撬装模块化供货。

2. Safe DeNO$_x$ 法

Safe DeNO$_x$ 工艺的主要不同是在尿素水解过程中添加了催化剂，从而改变了水解进度，提高了水解速度。其反应机理如下：

$$CO（NH_2）_2+催化剂+H_2O \longrightarrow 中间产物+CO_2$$

$$中间产物 \longrightarrow 2NH_3+催化剂$$

综合反应：　　　　　$$CO（NH_2）_2+H_2O \longrightarrow 2NH_3+CO_2$$

Safe DeNO$_x$ 催化水解采用可再生的催化剂，反应温度为 135～160℃、压力为 0.4～0.9MPa，反应速度为普通 U2A、AOD 等水解法的数倍，启停速度较快，负荷变化跟踪响应快。

（三）小结

上述尿素制氨技术各有下列优缺点：

（1）热解。系统响应快，但需采用高品质电能作为热源或采用气气换热器以高温烟气为热源。

（2）普通水解。采用低品质蒸汽作为热源，节能经济性强，但对负荷的响应速度相对较慢。

（3）催化水解。对负荷的响应速度较快，但需定期添加尿素水解催化剂，且当前应用业绩较少、时间较短。

总体而言，当前尿素制氨技术已较为成熟可靠，在当前火电机组普遍面临节能降耗压力的背景下，水解制氨技术优势更为明显。各制氨技术对比情况见表6-1。

表6-1　　　　　　　　　　　　尿素制氨技术对比情况

项目	尿素热解		普通尿素水解	尿素催化水解
关键设备	电加热器、热解炉	气气换热器、热解炉	水解反应器	水解反应器
反应温度	350～600℃	350～600℃	130～160℃	135～160℃
反应压力	常压	常压	0.4～0.6MPa	0.4～0.9MPa
副产物	三聚氰酸、三聚氰胺—酰胺、三聚氰胺等	三聚氰酸、三聚氰胺—酰胺、三聚氰胺等	定期排放杂质	定期排放杂质
优点	（1）投资最低（约2000万元）；（2）响应快（5～30s），无氨气驻留	（1）响应快（5～30s），无氨气驻留（2）能耗适中（烟气热量折算煤耗约 0.25g/kWh）	（1）运行成本较低（约1300万元）；（2）能耗较低（蒸汽耗量折算煤耗约为 0.15g/kWh）；（3）尿素转化率较高（99%）	（1）运行成本较低（约1300万元）；（2）能耗较低（蒸汽耗量折算煤耗约为 0.15g/kWh）；（3）尿素转化率较高（99%）；（4）响应较快（<1min）
缺点	（1）运行成本最高（约1550万元）；（2）有副产物产生，尿素转化率较低（80%～90%）；（3）能耗较高（电耗折算煤耗约0.5g/kWh）；（4）热解炉底部及喷枪易堵塞	（1）投资最高（约2800万元）；（2）运行成本较高（约1450万元）；（3）有副产物产生，尿素转化率较低（80%～90%）；（4）热解炉底部及喷枪易堵塞	（1）投资较高（约2100万元）；（2）响应时间较长（5～30min）；（3）材质要求较高（316L）	（1）投资较高（约2100万元）；（2）需要定期添加催化剂；（3）材质要求较高（316L）

注：投资、运行成本、能耗以2台600MW机组计。

三、典型案例分析

（一）A厂

A厂2×660MW超超临界燃煤机组，配套锅炉由上海锅炉厂生产，SCR与主机同期建设投运，原设计还原剂采用液氨。

由于厂址位于市郊，随着当地环保及安全要求的提高，经技术经济论证，最终提出将还原剂更改为尿素，并采用尿素水解技术。该工程于 2017 年 3 月投运，采用热一次风作为稀释风，设计两台尿素水解反应器，一用一备，单台水解反应器氨气出力可达 600kg/h，水解反应温度为 160℃、反应压力为 0.6MPa，运行质量为 40t，水解反应器撬装模块尺寸为 10.8m×3.7m×2.6m。A 厂实物图见图 6-4。

图 6-4　A 厂实物图

（二）B 厂

B 厂装机容量为 6×200MW，2014 年完成 1、2、6 号炉脱硝系统及配套工程改造，2015 年完成 3～5 号炉脱硝系统及配套工程改造。

1、2 号炉采用尿素热解技术，每台炉各配备一套尿素热解装置，单台热解炉电加热器功率为 490kW；3～6 号炉采用尿素催化水解技术，共配备 4 套尿素催化水解装置，采用单元制运行模式，单台水解反应器氨气出力为 150kg/h，水解反应温度为 135～160℃、反应压力为 0.4～0.9MPa，反应器长 3.5m、直径为 1.2m（见图 6-5 和图 6-6）。由于尿素热解电耗较高，该公司拟将 1、2 号炉 SCR 烟气脱硝尿素热解改为尿素催化水解。

图 6-5　B 厂水解反应器撬块实物图

图 6-6　催化剂添加系统实物图

（三）C 厂

C 厂 1 号机组配套哈尔滨锅炉有限公司设计生产的型号为 HG-2953/27.46-YM1 的超临界参数锅炉。SCR 脱硝装置以尿素为还原剂，采用尿素热解工艺，设计原烟气 NO_x 浓度为 450mg/m³（标准状态、干基、6%O_2），脱硝效率为 80%，尿素耗量为 863.9kg/h。

原尿素热解以空气预热器出口热一次风为初级热源,利用热一次风压力作为气流动力,

利用电加热器将热一次风提温至满足热解炉运行的需求（见图 6-7）。电加热器功率为
1250kW。

图 6-7 烟气-空气换热器实物图

2016 年对 1 号机组 SCR 烟气脱硝系统尿素热解的热源进行改造，在原电加热器前的
热一次风道增设一路旁路管道用于安装烟气-空气换热器，通过管道上设置的电动挡板门实
现电加热器与烟气-空气换热器的切换。烟气-空气换热器利用锅炉高温再热器后、低温再
热器入口的水平烟道处约 640℃的高温烟气加热热一次风，以满足尿素热解运行的温度要
求。换热器尺寸为 3.5m×2.8m×13m，净重 63t，设计抽取烟气量为 8000m³/h（标准状态），
烟程阻力为 500Pa，风程阻力为 1500Pa，材质为 310S。目前，在电加热器未投运的情况下
尿素热解系统运行良好。

（四）改造模型

1. 基本设计参数汇总

以 D 厂两台超临界参数变压运行螺旋管圈直流炉 SCR 脱硝液氨系统改造为尿素制氨
系统为例，相关基本设计参数汇总如表 6-2 所示。

表 6-2 相关基本设计参数汇总

项目		单位	设计值	备注
设计参数	烟气量	m³/h	2140000	标准状态、干基、6%O₂
	设计烟气温度	℃	371	
	烟尘浓度	g/m³	24	标准状态、干基、6%O₂
	NOₓ	mg/m³	320	标准状态、干基、6%O₂
	SO₂	mg/m³	2415	标准状态、干基、6%O₂
	SO₃	mg/m³	24	标准状态、干基、6%O₂
	O₂	%	3.92	干基
	H₂O	%	8.39	
性能要求	NOₓ 排放浓度	mg/m³	50	标准状态、干基、6%O₂
	SCR 脱硝效率	%	84.4	
	NH₃ 逃逸	mg/m³	≤2.28	标准状态、干基、6%O₂
	年运行小时	h	7000	
	年利用小时	h	5000	
	脱硝装置可用率	%	>98	
	脱硝装置服务寿命	年	30	
	噪声	dB（A）	<85	

2. 改造范围及新增工艺设备

尿素热解以采用热一次风的炉外热解技术为例，尿素水解以采用热一次风的 U2A 尿素水解技术为例。改造范围包括新建尿素站（含土建、占地约 500m²）、尿素制氨装置（热解炉或水解反应器）、引热一次风作为加热稀释风、尿素制氨装置与 AIG 连接管道，以及电气热控等。

两种尿素制氨技术的尿素区基本一致，主要新增工艺设备如表 6-3 所示。反应区新增工艺设备分别如表 6-4 和表 6-5 所示。

表 6-3 尿素区新增工艺设备

序号	设备名称	规格及型号	单位	数量
1	尿素颗粒储仓	锥形底立式筒仓，φ4.0×4.5m（直筒长度），V=70m³；材质：碳钢内衬不锈钢	台	1
2	流化风机	流化风量为 2.5m³/min，风压：68.6kPa，功率为 11kW	台	2
3	流化风电加热器	功率为 10kW	台	1
4	斗式提升机	出力：19 t/h，提升高度为 16m，电动机功率：3kW	台	1
5	尿素给料机	螺旋称重给料机，处理量为 0~15t/h，输送长度为 2m，电动机功率为 2.2kW，计量精度：±0.5%	台	1
6	电动插板阀	DN300，电动机功率为 1.1kW	台	1
7	电动旋转给料阀	出力：15t/h，1.5kW，变频	台	1

续表

序号	设备名称	规格及型号	单位	数量
8	尿素溶液溶解罐	$\phi 3 \times 3.5m$，容积：$50m^3$；材质：304	台	1
9	尿素溶解罐盘管式加热器	蒸汽盘管，材质：304	套	1
10	尿素溶解罐搅拌器	顶入式搅拌器，$P=7kW$，材质：304	台	1
11	尿素溶液泵	卧式离心泵，$H=30m$，$Q=30m^3/h$，$P=7.5kW$，材质：304	台	2
12	溶解车间地坑泵	类型：离心式；扬程：25m；流量：$30m^3/h$；电动机功率：5.5kW	台	1
13	疏水箱	$\phi 1.6 \times 2.5m$，容积：$5m^3$，材质：304	台	1
14	疏水泵	液下泵，$H=20m$，$Q=10m^3/h$，$P=3kW$，材质：304	台	2
15	尿素溶液储罐	$\phi 5 \times 6.5m$，容积：$100m^3$，材质：304	台	2
16	尿素溶液储罐盘管式加热器	蒸汽盘管，材质：304	套	2
17	尿素溶液循环泵	多级离心泵，$H=100m$，$Q=10m^3/h$，$P=18.5kW$，变频，材质：304	台	2

表 6-4　　　　　　　尿素热解改造反应区新增工艺设备（两台炉）

序号	设备名称	规格及型号	单位	数量
1	计量与分配装置	—	套	2
2	热一次风	设计温度为320℃，设计压力为10kPa，风量为$7000m^3/h$（标准状态）	套	2
3	绝热分解室	316L 不锈钢，与热解炉配套	套	2
4	电加热器	功率为900kW，与热解炉配套	套	2
5	尿素溶液喷射器	316L 不锈钢，与热解炉配套	支	20
6	压缩空气储罐	体积：$2m^3$，尿素溶液雾化用	个	2

表 6-5　　　尿素水解改造反应区新增工艺设备（两台炉、反应器布置于反应区）

序号	设备名称	规格及型号	单位	数量
1	热一次风	设计温度为320℃，设计压力为10kPa，风量为$7000m^3/h$（标准状态）	套	2
2	水解器盘管式加热器	氨气出力为460kg/h，操作温度为135～160℃；操作压力为0.5～0.9MPa	套	2
3	水解反应器			
4	减温减压装置			
5	疏水箱	$V=10m^3$，$\phi 2000 \times H4000$，材质：304	台	2
6	疏水泵	离心泵，$H=20m$，$Q=10m^3/h$，$P=3kW$，材质：304	台	2
7	氨气混合器	不锈钢	台	4

3. 消耗品用量

各消耗品用量见表 6-6。

表 6-6 各种制氨技术消耗品用量（两台炉）

消 耗 品	液氨制氨	尿素热解制氨	尿素水解制氨
尿素（kg/h）	—	976	830
液氨（kg/h）	461	—	—
蒸汽（用于伴热及加热，t/h）	0.42	0.65	2.54
除盐水（尿素溶解，kg/h）	—	976	830
一次热风（m³/h，标准状态）	—	13000	13000
电耗（kW）	60	1860	80

4. 工程实施周期与施工方案

还原剂改造工程可在机组运行期间进行尿素站的基础施工、钢架及反应器区的钢架改造、制氨反应装置安装等。在此期间原还原剂系统正常运行，待施工完成后可逐台机组在停炉检修期间进行热风管道接口及氨管道接口安装。具体实施过程及周期如表6-7所示。

除水解反应器等成件部分外，其他尿素溶解罐、储存罐、钢结构、管路系统等可直接在现场组装。施工过程中没有特大件设备，可采取汽车吊、履带吊及轨道吊相结合的多种方式进行吊装施工。

表 6-7 液氨改尿素工程实施过程及周期

序号	项目实施过程	时间（天）
1	资料收集和可研论证	40
2	工程设计	30
3	设备加工、采购、尿素站土建	30
4	尿素站、制氨装置安装	30
5	停机热一次风、供氨管道接管	10
6	系统调试	7
总计		147

5. 投资估算和运行成本分析

改造投资概况见表6-8。

表 6-8 改造投资概况（两台炉）

投资项目	尿素热解制氨	尿素水解制氨
尿素区投资（万元）	600	
反应区投资（万元）	1400	1500
总投资（万元）	2000	2100
单位投资（元/kW）	16.67	17.50

按液氨单价3200元/吨、尿素单价2400元/吨、低压蒸汽单价150元/吨、除盐水单价30元/吨、厂用电价0.300元/kWh计算，采用尿素热解和尿素水解两种改造方案的运行成

本分别如表 6-9 所示。

表 6-9　　　　　　　　　　改造后总成本分析（两台炉）

序号	项目		单位	尿素热解	尿素水解	液氨制氨
1	项目总投资		万元	2000	2100	0
2	年利用小时		h	5000	5000	5000
3	厂用电率		%	5.99	5.84	5.84
4	年售电量		GWh	5641	5650	5650
5	生产成本	折旧费	万元	130	136	0
		修理费	万元	40	42	0
		还原剂费用	万元	1001	851	630
		电耗费用	万元	279	12	60
		低压蒸汽费用	万元	49	191	32
		除盐水费用	万元	15	12	0
		总计	万元	1513	1244	722
6	财务费用（平均）		万元	44	47	0
7	生产成本＋财务费用		万元	1557	1291	722
8	增加上网电费		元/MWh	2.76	2.28	1.28

四、小结

　　火电厂 SCR 烟气脱硝还原剂液氨储量较大，一般为三级或二级重大危险源，由县级或市级安监部门监管。随着安全监管的日益严格，部分发电企业需要将原液氨还原剂改造为尿素。

　　尿素制氨技术成熟可靠，包括热解和水解两种工艺。尿素热解工艺在国内应用较早、业绩较多，尿素水解工艺国产化较晚、近年业绩增长较快，两种工艺投资相近，相对而言尿素水解工艺运行成本更低、技术经济性更强。

　　液氨改尿素涉及新建尿素站、配套尿素制氨装置、引热一次风作为加热稀释风、连接管路，以及电气热控等内容，改造工期约为 3.5 个月，其中停机时间约为 10 天。考虑到液氨改尿素后，系统运行成本会上升，SCR 烟气脱硝还原剂是否改造需因地制宜，综合权衡安全要求、管理成本及技术经济性。

7

W 火焰锅炉 NO_x 超低
排放技术

一、背景

自 2014 年 9 月 12 日三部委联合下发《煤电节能减排升级与改造行动计划（2014—2020 年）》（发改能源〔2014〕2093 号）以来，燃煤机组超低排放改造工作迅速推进，煤电烟气治理水平全面提升。考虑到 W 火焰锅炉（以下简称 W 炉）NO$_x$ 生成特性及相应配套脱硝技术的可靠性与经济性等问题，国家及各地方政府尚未对其作强制性超低排放要求。但自 2016 年以来，河南、山东等省份出台的超低排放改造实施方案文件中明确要求 W 炉也须进行超低排放改造（在改造计划清单中包含 W 炉机组）；而湖南、贵州、四川等省份则明确鼓励 W 炉实施超低排放改造。部分分布于环保要求较高、政策较明朗的中东部或环京津冀区域的发电企业已率先开展或完成了改造工作，并取得了环保部门认可及超低排放电价。长期来看，W 炉超低排放改造工作已势在必行。

二、W 炉 NO$_x$ 超低排放技术路线分析

由于 W 炉一般用于燃用低挥发分无烟煤，为保证稳定燃烧和良好的燃尽率，过量空气系数和炉膛温度普遍高于切圆和墙式燃烧锅炉，NO$_x$ 生成量也远高于其他类型锅炉，且实现低氮燃烧的技术难度较大。近年来，国内各大锅炉厂及环保公司在 W 炉 LNB 技术研发与应用方面开展了大量工作，形成了相应的专利技术（如东方锅炉厂、哈尔滨锅炉厂、烟台龙源公司等）。新投运 W 炉基本可以实现将 NO$_x$ 浓度控制在 800mg/m^3（标准状态、干基、6%O$_2$，下同）甚至 700mg/m^3 以下，对锅炉可靠性、经济性影响较小。部分在役锅炉通过改造也达到了上述目标，但改造效果和可靠性存在一定的不确定性。尤其早期生产的部分锅炉，炉膛空间有限，改造存在飞灰含碳量升高、锅炉效率明显降低、燃烧工况不稳定等风险，改造方案和可行性需"一炉一策"论证。以下主要针对烟气脱硝技术进行分析。

（一）W 炉烟气脱硝技术

1. SNCR 烟气脱硝技术

该技术具有工艺简单、不产生液体或固体废料、改造工程量小、运维简单等优点，但也存在脱硝效率低、运行成本远高于 SCR 技术、降低锅炉效率（约为 0.5%）等缺点。十二五期间 NO$_x$ 达标排放改造中除循环流化床（CFB）锅炉和改造条件受限的小锅炉外，应用较少。由于 W 炉超高的 NO$_x$ 生成浓度，其超低排放目标所需求的脱硝效率已遇到常规 SCR 技术的瓶颈。国内外相关厂商近年来开展了 SNCR 用于 W 炉脱硝的相关技术研究，脱硝效率和可靠性均有改善，该技术逐渐成为 SCR 技术的重要补充。

（1）技术原理与技术难点。SNCR 脱硝技术即选择性非催化还原脱硝，采用炉膛内喷射还原剂脱硝，指在不用催化剂的条件下将还原剂（氨或尿素溶液）喷入炉膛内，在适宜的温度范围内，气相的氨或者尿素就会分解为自由基 NH$_3$ 和 NH$_2$。在特定的温度和氧存在的条件下，还原剂与 NO$_x$ 的反应优于其他反应而进行，反应生成 N$_2$ 和 H$_2$O。

SNCR 具有工艺简单、操作便捷、不产生液体或固体的废料、容易加装、几乎无停工

期、所占空间极小等优点。

但 SNCR 脱硝效率受以下因素的制约：

1）反应温度窗口：850～1150℃。

2）停留时间：0.2～2.0s。

3）烟气组分如 NO_x、CO、O_2 等的分布。

故 SNCR 脱硝效率有限。对 CFB 锅炉而言，目前 SNCR 脱硝效率可以达到 70%～80%；对于四角切圆或对冲燃烧煤粉炉，SNCR 脱硝效率可以达到 30%～50%。对于 W 炉而言，脱硝效率相对较低，约为 20%～40%，这主要是由 W 炉自身烟气特点和 SNCR 的技术特点所决定的。W 炉炉膛温度较高，一般屏式过热器底部的温度在 1100～1300℃ 之间，满负荷时 SNCR 的最佳温度窗口一般处于折焰角以上屏式过热器和高温过热器区域，炉膛横截面为长方形，宽度方向尺寸较大，这对 SNCR 喷枪型式和喷枪布置方式提出了挑战。

（2）典型 SNCR 公司核心技术。

1）A 公司。其技术特点如下：

a. 喷枪型式。墙式短枪（固定式或可伸缩式）、可伸缩式多喷嘴长枪。

b. 喷枪布置形式。折焰角以下位置采用固定或伸缩式墙式短枪；屏式过热器和高温过热器之间采用可伸缩多喷嘴长枪。

c. 喷射还原剂。尿素溶液或氨水，一般认为尿素效果优于氨水。

d. 采用长探枪，现场实测烟气温度和烟气组分，形成 T-MAP 网格。

e. 进行 CFD 流场模拟，喷枪喷射迹线模拟，并建立 CKM 化学动力模型，精确确定喷射区域和喷射位置（见图 7-1）。

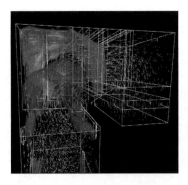

图 7-1　CFD 模拟示意图

国内有多个煤粉炉、CFB 锅炉、垃圾焚烧炉的 SNCR 脱硝业绩，W 炉 SNCR 脱硝典型业绩为某电厂（2×600MW 机组），脱硝效率性能保证值为 30%，实际可以达到 40%，氨氮摩尔比约为 1.6～1.8。

2）B 公司。其技术特点如下：

a. 喷枪型式。墙式短枪。

b. 喷枪布置位置。折焰角以下及屏式过热器间设置多层喷枪，每层喷枪分区域控制。

c. 喷射还原剂。尿素溶液。

d. 项目执行前，炉膛开孔进行喷枪试验。

e. 设置在线测温仪，形成实时温度分布图，并根据实时温度分布图分区域调整控制喷枪喷射状态。

f. 控制系统自带 PLC，控制逻辑不对业主方开放。

已有项目业绩：某电厂 1～4 号 W 炉 SNCR 脱硝项目，脱硝效率性能保证值大于 50%，性能试验能够达到上述保证值。

3）C 公司。其技术特点如下：

a. 喷枪型式。墙式短枪或可伸缩式长枪。

b. 喷枪布置位置。折焰角以上屏式过热器之间多层布置。

c. 喷射还原剂。尿素溶液或氨水。

d. 项目执行前，可利用观火孔进行喷枪试验。

e. 利用尿素和氨水两种还原剂均可以达到较高的脱硝效率。

f. 控制系统具有优秀的自学习能力，可根据用户的实际操作情况制定控制策略，调整喷枪状态，达到高效稳定运行。

该公司针对具体项目性能保证可做到脱硝效率为 50%以上，且氨氮摩尔比控制在 1.3 以下。某项目中，该厂家脱硝效率性能保证值为 40%，性能试验报告中，570MW 负荷和 470MW 负荷下，平均脱硝效率分别为 51.06%和 52.38%。

4）D 公司。其技术特点如下：

a. 喷枪型式。伞状机械雾化喷枪，不需要压缩空气，根据不同工况下尿素液滴的轨迹及"生存时间"，能够主动选择喷射高度，使液滴达到合适的反应状态（见图 7-2）。

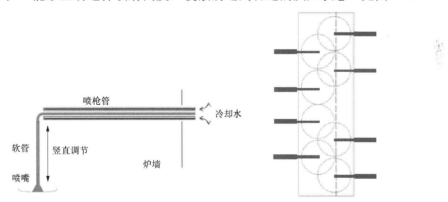

图 7-2　喷枪及布置示意图

b. 喷枪布置位置。折焰角以下单层布置。

c. 喷射还原剂。尿素溶液。

d. 喷枪在水平方向和垂直高度方向均可以调节。

e. 单喷枪覆盖面积大，且无需多层布置，故喷枪数量少，系统简单。

理论脱硝效率可达 50%，氨氮摩尔比为 1.5～1.8。目前在西班牙、英国有相关业绩；在国内有 W 炉利用观火孔进行脱硝试验的经验，但还没有工程业绩。

5）E 公司。其技术特点如下：

a. 喷射还原剂。经稀释风稀释后的氨/空气混合气体。

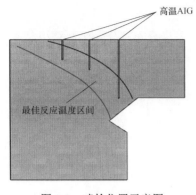

图 7-3　喷枪位置示意图

b. 喷枪型式。耐高温喷氨隔栅（AIG）。

c. 喷枪布置位置（见图 7-3）。屏式过热器和高温过热器区域的适当位置（稀释氨气）。

d. 采用稀释氨气的高温 AIG 为其特有技术。将高温 AIG 喷孔沿炉膛等温面布置，稀释氨气由喷孔喷出，在等温曲面上更加均匀地喷射氨气，使全部氨气在同一温度条件下与 NO_x 反应，缩短脱硝反应时间，保证了氨气与烟气充分混合，提高了 SNCR 的脱硝效率，避免了喷射液体对受热面的腐蚀和损伤。

e. 高温 AIG 采用耐高温不锈钢材质，吊装在锅炉顶棚上，喷管垂直布置，避免了喷管内积灰问题。同时喷管外壁喷涂耐高温防磨涂料（厚度约为 5mm），有利于喷管的机械性能并保护内部氨气介质。

f. 因为氨气均匀地分布在合适的温度曲面上，所以 NSR 和氨逃逸浓度也会比传统 SNCR 技术要小很多。另外对锅炉造成的热量损失比喷射液体还原剂要小。

该公司高温 AIG SNCR 技术最低保证脱硝效率为 40%，氨氮摩尔比约为 1.0，但目前在国内还没有相关业绩。

（3）改造范围、工期及投资。

1）改造范围。还原剂制备系统、炉区混合、计量、分配模块及喷枪炉膛开孔等。

2）改造工期。停炉工期约为 15～20 天，调试工期约为 2～3 个月。

3）改造投资。以 2×600MW 机组计，包括还原剂制备区和炉区，EPC 工程投资约为 2400 万～2800 万元；以 2×300MW 机组计，EPC 工程投资约为 1400 万～1800 万元。此外，对于 SNCR 脱硝装置有精确控制需求的项目，可选择加装实时在线温度测量系统，单台机组设备投资约为 600 万元。

2. SCR 烟气脱硝技术

由于具有技术成熟、脱硝效率高、无二次污染、运行费用低等优点，现役 95%以上煤粉炉均选用 SCR 脱硝技术，脱硝效率一般在 70%～90%之间。超低排放工作启动后，NO_x 排放限值降为 $50mg/m^3$，常规煤粉炉脱硝效率需提高到 80%～92.9%，多采用 SCR 提效方式提高脱硝效率。提效一般采用催化剂加装/更换方案，配套进行流场优化工作。从目前已投运机组的运行情况来看，常规煤粉炉 SCR 脱硝装置能够长期维持 93%的脱硝效率，且氨逃逸与尾部设备堵塞现象处于可控状态。

（1）技术原理与技术难点。SCR 烟气脱硝技术的基本原理是利用氨气对 NO_x 的还原功能，将体积浓度小于 5%的氨气通过喷氨格栅喷入烟道，与烟气中的 NO_x 混合后扩散到催化剂表面，在 300～420℃条件下，在催化剂的作用下将烟气中的 NO 和 NO_2 还原成氮气和水。

由于 W 炉 NO_x 排放浓度高达 $1100～1800mg/m^3$，经过 LNB 改造或掺烧烟煤等措施后，其 NO_x 排放浓度一般也维持在 $800mg/m^3$，少量可达到 $700 mg/m^3$ 以下。按 SCR 入口 NO_x 浓度为 $800mg/m^3$ 计，其超低排放要求的脱硝效率高达 93.8%；按入口浓度为 $700mg/m^3$ 计，脱硝效率也达 92.9%。脱硝效率越高，对流场均匀度要求就越高。经核算，脱硝效率为 93%时要求的催化剂入口速度场均匀性须由常规的±15%提至±10%，NH_3/NO_x 均匀性须由常规的±5%提至±3%。为达到上述流场指标，必须进行精细化流场设计，对烟道内的导流板等流场构件进行优化布置，采用高效喷氨装置，设置静态混合器，且对设备质量与安装精度均作高标准要求。此外，较高的脱硝效率对催化剂也提出更严格要求，高效率往往要求增大催化剂量，但在此条件下还需控制 SO_2/SO_3 转化率，以避免 SO_3 危害。

（2）SCR 脱硝厂家及其技术特点。目前国内 SCR 脱硝工程公司所拥有 SCR 脱硝技术的技术原理均相同，SCR 反应器均为高灰布置，技术差异主要在于氨喷射装置设计。以下列举数家主流 SCR 脱硝工程公司氨喷射装置的核心技术。

1）A 公司在反应器入口烟道设涡流混合器，氨气喷嘴孔径较大、数量较少，将氨气直接喷入混合器的涡流区，利用涡流扰动作用实现氨气均布。

2）B 公司采用可抽出式锯齿形喷氨格栅，喷氨格栅分上下两层错位布置；氨喷射管斜上方两侧交叉对称布置喷嘴，喷射管下方带有锯齿形防磨板；氨气喷嘴数量较多、孔径较小，利用多层喷嘴交叉对称喷射来实现氨气均布。

3）C 公司采用多喷嘴喷氨格栅，喷管为光管式下带防磨瓦，喷头竖直向上。

4）D 公司的喷氨格栅也为光管式，上设均等喷孔，其改进技术为非等径喷孔，以保证不同位置喷孔的喷氨量均匀。

（3）改造范围、工期及投资。SCR 脱硝超低排放改造项目氨区改造范围小，由于氨区为全厂共用，所以对于超低改造后氨耗量增加较多的项目，一般增加1～2台液氨蒸发器和氨气缓冲罐，相应扩建工艺设备间或增加设备罩棚，部分项目还需增设备用供氨管道；对于氨耗量增加不多的项目，氨区一般不做改造，个别项目额外要求增加卸氨罩棚。

反应区改造较多，一般改造内容主要包括流场复核与优化、喷氨格栅及导流板调整、催化剂添加或更换、增设备用层吹灰系统、供氨调节阀、流量计和 CEMS 仪表更换等。个别项目如需增设分级省煤器或低温省煤器，还需要核算并适当加固脱硝钢架及基础。

氨区改造工期一般在 50 天之内，一般情况下无需停机改造。除建筑安装的正常工期外，主要问题是需要根据机组运行情况轮停液氨蒸发器或缓冲罐，个别项目可能需要机组轮停以便新增设备管道接口。

如不涉及钢架或基础改造（如增设分级省煤器等），SCR 区改造工期一般不超过 40 天，停机改造时间一般在 30 天之内，主要用于烟道导流板改造和催化剂更换及吹灰器加装。如涉及钢架或基础改造，工期需要追加 40 天。改造费用受催化剂添加/更换方案影响较大，2×600MW 机组工程投资约 1600 万～3000 万元，2×300MW 机组工程投资约 1000 万～1800 万元。

（二）W 炉 NOx 超低排放技术路线分析

目前行业内认可的 SCR 脱硝效率最高可达到93%（即入口 NOx 最高浓度为 700mg/m³），W 炉应用 SNCR 技术较为可靠的脱硝效率为30%。以此为基准，针对不同的初始 NOx 浓度，如表 7-1 所示，W 炉 NOx 超低排放技术路线可具体分析如下：

（1）NOx 浓度＞1200mg/m³ 的锅炉，可采用低氮燃烧＋SCR 提效组合方案或低氮燃烧＋增设 SNCR＋SCR 提效组合方案。

（2）900mg/m³＜NOₓ浓度≤1200mg/m³的锅炉，可采用低氮燃烧＋SCR提效组合方案或低氮燃烧＋增设SNCR＋SCR提效组合方案，或增设SNCR＋SCR提效组合方案。

（3）700mg/m³＜NOₓ浓度≤900mg/m³的锅炉，可采用增设SNCR＋SCR提效组合方案。

（4）NOₓ浓度≤700mg/m³的锅炉，可直接采用SCR提效方案。

（5）配煤掺烧可作为低氮燃烧辅助措施。

表 7-1　　　　　　　　　　　　W 炉 NOₓ 超低排放技术路线分析

初始NOₓ浓度（mg/m³）	LNB（配煤掺烧）	SNCR脱硝	SCR脱硝	改造投资（万元）	运行成本（万元/年）	运行可靠性
>1200	＜700	—	＜50	5000	1500	较低
	＞700	＜500	＜50	7000	6500	较高
900～1200	＜700	—	＜50	5000	1500	较低
	＞700	＜500	＜50	7000	6500	较高
	—	＜700	＜50	5000	8000	较低
700～900	＜700	—	＜50	4000	1500	较低
	—	＜500	＜50	5000	6500	较高
＜700	—	—	＜50	2000	1500	较低

注：改造投资与运行成本以 2×600MW 机组为例。

三、典型案例分析

（一）某 2×600MW 机组

某 2×600MW 超临界燃煤发电机组，分别于 2011 年 10 和 2012 年 5 月投产发电。锅炉采用东方锅炉（集团）股份有限公司生产的 600MW 超临界、W 形火焰燃烧、变压直流炉，Ⅱ型露天布置。

2016 年电厂对 2 号机组进行了烟气超低排放改造，由于原锅炉已进行了优化燃烧调整，其 NOₓ 排放浓度不超过 800mg/m³，脱硝超低改造采用的技术路线是 SNCR＋SCR。2 号炉超低排放改造于 2016 年 8 月 4 日开工，12 月 23 日投运，2017 年 1 月进行了环保验收。2 台炉改造总投资约为 5000 万元。

SNCR 按入口 NOₓ 浓度为 800mg/m³、出口为 560mg/m³、脱硝效率为 30%设计。改造范围含全厂 2 台炉公用的尿素车间及每台炉一套的尿素喷射装置，还原剂采用吨袋装工业级尿素。每台炉设 56 支墙式短喷枪，在折焰角附近分上下两层布置，前后墙各 13 支对称布置，上层左右墙各增加 2 支。下层喷枪带可退出的气动执行机构，上层为固定式。投产后 SNCR 实测脱硝效率达到 40%，BMCR 工况 40%尿素溶液耗量约为 1.8t/h。

原 SCR 脱硝由东方锅炉厂总承包，设计入口 NOₓ 浓度为 1100mg/m³，出口浓度为 165mg/m³，脱硝效率为 85%，催化剂按"2＋1"层设计。超低排放脱硝改造按入口浓度为

640mg/m^3、出口浓度为 50mg/m^3、脱硝效率为 92.4% 设计。更换两层初装催化剂 650m^3，调整蒸汽吹灰器布置，增加声波吹灰系统，增加烟道混合器，进行了喷氨格栅优化。改造工程投运后实际运行中 DCS 画面显示 SCR 入口 NO$_x$ 浓度在 500～700mg/m^3 之间（对应 SNCR 脱硝效率在 30% 左右），SCR 出口浓度能够达到 40mg/m^3 以下。

（二）某 2×315MW 机组

某 2×315MW 亚临界一次中间再热国产燃煤机组分别于 2004 年 8 月和 2005 年 1 月投产。锅炉为东方锅炉厂设计、制造的燃用无烟煤的 W 炉。

该机组采用的脱硝超低排放改造技术路线为炉内进行 LNB 改造，SCR 装置安装备用层催化剂。1、2 号炉超低排放改造分别于 2016 年 11 月和 2017 年 1 月投运，两台炉改造总投资约 4500 万元。

LNB 改造的基本思路以不改变炉膛结构尺寸为原则，改造的重点放在改善炉内燃烧状况，以增加炉膛火焰充满度、降低火焰中心（提高下炉膛燃尽率）、延长煤粉的燃烧时间、改善下炉膛结焦问题。保证飞灰可燃物含量控制在 6.5% 以内，锅炉效率比现有值略低 0.4%～0.5%，将 NO$_x$ 排放浓度控制到 800mg/m^3 以下。

原 SCR 脱硝装置由北京龙电宏泰公司承建，设计 SCR 入口 NO$_x$ 浓度小于 1600mg/m^3，机组最终排放 NO$_x$ 浓度不大于 200mg/m^3，脱硝效率不小于 87.5%，脱硝催化剂采用 "3＋1" 层布置。超低排放改造仅增加备用层催化剂，按入口浓度为 800mg/m^3、出口浓度为 50mg/m^3、脱硝效率为 93.75% 设计。改造工程投运后实际运行中 DCS 画面显示 SCR 入口 NO$_x$ 浓度在 650～750mg/m^3 之间，SCR 出口浓度能够达到 30mg/m^3 以下，脱硝效率稳定，空气预热器运行阻力正常。

（三）某 4×350MW 机组

某 4×350MW 机组配备锅炉均为 W 炉，于 2016 年 11 月底全部完成超低排放改造工作。1～4 号机组原设计配置 "3＋1" SCR 脱硝装置，NO$_x$ 浓度由 1200mg/m^3 降至 160mg/m^3。但在实际运行中，在燃用纯无烟煤时，炉内 NO$_x$ 浓度可达到 1400～2000mg/m^3。针对此情况，目前主要通过掺烧烟煤（烟煤:无烟煤＝4:6，挥发分控制在 18% 左右）将 NO$_x$ 浓度控制在 800～1000mg/m^3。

该电厂在超低排放改造前期进行了相关的调研论证，考虑到 LNB 改造效果存在不确定性（如 NO$_x$ 降低幅度有限、炉效影响较大、燃烧不稳定等），且 SNCR 技术在 6 号机现场试验时能够达到 45%～55% 效率，NO$_x$ 超低排放改造最终选择 SNCR＋SCR 技术路线。具体为增设 SNCR 烟气脱硝装置，原 SCR 装置不做改造。

SNCR 改造每台炉设置 54 支固定式短枪（前墙 4 层，后墙 2 层，每层 9 支），改造投资为 1700 万元/炉（考虑还原剂区分摊）。工程改造完成后通过了第三方性能考核试验，考核效率能够达到 50% 以上。改造工程投运后实际运行中 DCS 画面显示 SCR 入口 NO$_x$ 浓度在 500～700mg/m^3 之间，SCR 出口 NO$_x$ 浓度能够达到 30mg/m^3 以下。

（四）改造模型一

以下以某电厂 2×600MW 机组为例进行改造模型分析。

1. 基本设计参数汇总（见表 7-2）

表 7-2　　　　　　　改造设计参数及性能指标汇总

	项目	单位	设计值	备注
设计参数	烟气量	m³/h	2100000	标准状态、干基、6%O_2
	设计烟气温度	℃	390	
	烟尘浓度	g/m³	43	标准状态、干基、6%O_2
	改造前 NO_x 浓度	mg/m³	800	标准状态、干基、6%O_2
	方案一 SCR 入口设计 NO_x 浓度	mg/m³	800	标准状态、干基、6%O_2
	方案二 SNCR 改造后 NO_x 浓度	mg/m³	500	标准状态、干基、6%O_2
	SCR 入口设计 NO_x 浓度	mg/m³	600	标准状态、干基、6%O
	SO_2	mg/m³	12000	标准状态、干基、6%O_2
	SO_3	mg/m³	120	标准状态、干基、6%O_2
	O_2	%	3.5	干基
	H_2O	%	5.4	
性能要求	NO_x 排放浓度	mg/m³	50	标准状态、干基、6%O_2
	脱硝效率	%	93.8	方案一
		%	91.7	方案二
	NH_3 逃逸	mg/m³	≤2.28	标准状态、干基、6%O_2
	SO_2/SO_3 转化率	%	≤1.0	三层催化剂
	SO_2/SO_3 转化率	%	≤0.35	新增层催化剂
	系统压降	Pa	≤1000	三层催化剂
	脱硝系统温降	%	≤3	
	系统漏风率	%	≤0.4	
	最低连续运行烟温	℃	330	
	最高连续运行烟温	℃	430	
	年运行小时	h	6000	
	年利用小时	h	4000	
	脱硝装置可用率	%	>98%	
	脱硝装置服务寿命	年	30	
	噪声	dB（A）	<85	

2. 改造范围及新增工艺设备

方案一仅考虑 SCR 提效，SCR 部分加装/更换催化剂及配套吹灰器，还原剂区可不做改造，配套须对反应器内流场构件进行局部改造或调整。

方案二采用 SNCR＋SCR 联合脱硝，除 SCR 改造外，SNCR 改造范围包括新建还原剂制备系统，新增炉区混合、计量、分配模块及喷枪，涉及锅炉炉膛开孔、增加空气压缩机等。主要新增工艺设备见表 7-3。

表 7-3   主 要 新 增 工 艺 设 备

	设备名称	单位	方案一	方案二
SCR 部分	催化剂	m³	1700	1000
	吹灰器	套	10	10
SNCR 部分	尿素溶解罐	只	—	1
	尿素溶液罐	只	—	2
	喷枪	只	—	112
	分配模块	套	—	2
	空气压缩机	台	—	2

3. 工程实施周期与施工方案

改造工程无特大设备，基本通过小型汽车式起重机和锅炉自身吊装系统就可满足吊装需求。SNCR 还原剂区建设可在机组运行期间进行，SNCR 反应区喷枪布置及 SCR 部分加装催化剂等工作须在停炉期间完成。具体工期安排可根据检修时间，按照表 7-4 所列时间倒排工程进度。

表 7-4   改造工程实施过程及周期

序号	项目实施过程	时间（天）
1	资料收集和可研论证	45
2	工程招标	30
3	工程设计	30
4	设备加工、采购、尿素站土建	30
5	尿素站、制氨装置安装	30
6	停炉 SNCR 反应区施工及 SCR 加装催化剂	30
7	系统调试及试运	30
总计		225

4. 投资估算和运行成本分析

改造投资估算和消耗品用量见表 7-5 和表 7-6。

表 7-5   改 造 投 资 估 算

项 目	单位	方案一	方案二
SNCR 投资	万元	—	2400
SCR 投资	万元	2700	1800
其他费用	万元	500	700
总投资	万元	3200	4900
单位投资	元/kW	26.67	40.83

表 7-6 消耗品用量

项 目	单位	方案一	方案二
尿素	kg/h	—	3031
液氨	kg/h	238	−79
除盐水	t/h	—	27
蒸汽	t/h	—	0.4
电耗	kW	—	117
催化剂	m³/年	200	67

按液氨单价 3000 元/t、尿素单价 2500 元/t、催化剂单价 12000 元/m³、低压蒸汽单价 135 元/t、除盐水单价 27 元/t、厂用电价 0.3363 元/kWh 测算,两种改造方案的运行成本分别如表 7-7 所示。

表 7-7 改造后运行成本分析

序号	项 目		单位	方案一	方案二
1	项目总投资		万元	3200	4900
2	年利用小时		h	4000	4000
3	厂用电率		%	8.65	8.65
4	年售电量		GWh	4385	4385
5	生产成本	折旧费	万元	831	790
		修理费	万元	60	91
		还原剂费用	万元	244	5099
		电耗费用	万元	0	11
		低压蒸汽费用	万元	0	31
		除盐水费用	万元	0	442
		催化剂更换费用	万元	308	69
		催化剂性能检测费	万元	20	20
		催化剂处理费用	万元	150	34
	总计		万元	1612	6587
6	财务费用（平均）		万元	90	136
7	生产成本＋财务费用		万元	1703	6724
8	增加上网电费		元/MWh	3.88	15.33

（五）改造模型二

在模型一的基础上,假设 NO_x 初始浓度按 1200mg/m³ 选取,进行"LNB 改造＋SCR 增容提效方案"（方案一）和"增设 SNCR＋SCR 增容提效方案"（方案二）模型分析。改造投资与运行成本分析见表 7-8。

表 7-8   改造投资与运行成本分析

序号	项　目	单位	方案一	方案二
改　造　投　资				
1	LNB 投资	万元	2400	—
2	SNCR 投资	万元	—	2800
3	SCR 投资	万元	2700	2700
4	其他费用	万元	500	700
5	总投资	万元	5600	6200
6	单位投资	元/kW	46.67	51.67
运　行　成　本				
1	折旧费	万元	1065	1098
2	修理费	万元	104	111
3	还原剂费用	万元	244	8015
4	电耗费用	万元	0	11
5	低压蒸汽费用	万元	0	47
6	除盐水费用	万元	0	663
7	催化剂更换费用	万元	308	308
8	催化剂性能检测费	万元	20	20
9	催化剂处理费用	万元	150	150
10	财务费用（平均）	万元	150	166
11	总计	万元	2041	10590
12	增加上网电费	元/MWh	4.66	24.15

注：未考虑 LNB 改造或 SNCR 改造所带来的炉效影响。

从表 7-8 所列数据分析可以看出，由于 LNB 改造与 SNCR 改造投资相当，SCR 部分改造工程量相同，方案一改造投资与方案二相差不大。相较模型一，两个方案年运行成本差异更大，究其原因在于模型二 SNCR 方案初始浓度更高，要达到相同效率消耗的还原剂量更大。

但需要说明的是，虽然上述改造方案在技术上均是可行的，但在实际运行中，SCR 脱硝要长期稳定达到 93% 以上的脱硝效率，且将 NH_3 逃逸控制在性能保证范围内，不对下游设备造成不利影响，运行难度相当大。因此在实际运行中仍应尽可能优化燃烧系统运行方式，条件允许时可配合使用配煤掺烧的方式，必要时增设 SNCR 脱硝装置，尽可能降低 SCR 脱硝入口 NO_x 浓度。同时高度关注下游设备运行状态，对可能出现的异常状况及时进行分析处理，将 SCR 脱硝装置维持在健康高效状态。

四、小结

鉴于当前 W 炉 LNB 技术仍在不断进步，且能够有效降低后续烟气脱硝压力，因此应作为有改造条件锅炉的首选方案。此外部分电厂通过烟煤掺烧取得了良好的降低 NO_x 生成浓度的效果，煤源丰富的电厂可以开展相关应用研究和技术经济分析。

近年来 SNCR 技术在 W 炉上得到了一定应用，但鉴于其对锅炉效率不可忽视的影响及高昂的运行成本，该技术宜作为 W 炉超低排放的重要技术补充。在工程设计阶段应严格把关设计方案，尽量提高其效率；在实际运行阶段可优化运行，尽量减少运行成本。

当前行业内普遍认可的长期稳定运行的 SCR 脱硝效率为 90% 及以下，最高不超过 93%。在当前技术水平条件下应谨慎采用单一 SCR 增容提效方式进行 W 炉 NO_x 超低排放改造，如采用则须对流场优化工作高度重视，尽可能提高流场均匀性指标。在运行中应尽可能降低 SCR 脱硝入口 NO_x 浓度，对可能出现的异常状况及时进行分析处理，将 SCR 脱硝装置维持在健康高效的状态。

低氮燃烧（或配煤掺烧）＋SCR 技术路线运行经济性较优，但对 NO_x 生成控制及 SCR 运维水平要求较高，已投运工程运行稳定性与可靠性仍有待进一步检验；低氮燃烧（或配煤掺烧）＋SNCR＋SCR 技术路线运行稳定性与可靠性较优，但经济性明显较差。

模型计算表明，2×600MW 机组单纯实施 LNB 改造投资约为 2000 万～2400 万元，单纯实施 SNCR 改造投资约为 2400 万～2800 万元，单纯实施 SCR 改造投资约为 1600 万～3000 万元（受催化剂添加/更换方案影响较大）。且采用 SNCR 技术导致的脱硝年运行成本显著增加，仅该部分折算电价就将超出超低排放电价补贴。

8

燃煤机组宽负荷脱硝技术

一、背景

近年来为适应 GB 13223—2011《火电厂大气污染物排放标准》及日益严格的环保要求，燃煤机组广泛开展了脱硝改造，集中建设了大量烟气脱硝装置。由于排放标准较严格，对脱硝效率要求较高，绝大部分煤粉炉均采用了 SCR 烟气脱硝工艺。

SCR 脱硝系统中的催化剂对运行烟温范围有一定的要求，其中最低连续运行烟温（以下简称"MOT"）主要与入口烟气条件中的 NH_3 与 SO_3 浓度有关。一般在 290～330℃之间，烟温低于 MOT 会导致 NH_4HSO_4 生成并堵塞催化剂内部反应微孔，进而使催化剂活性降低、脱硝氨逃逸增加，以及空气预热器堵塞和腐蚀。因此 SCR 入口烟气温度低于 MOT 时，需停止喷氨以避免对催化剂及下游设备造成损害。

从相关技术规范或国家政策要求来看，目前已基本明确将燃煤机组全时段脱硝要求定义为"宽负荷脱硝"。其中的"宽负荷"指"在最低稳燃负荷及以上"，而在机组启停机阶段的要求为"启动时间原则上并网后不得超过 4h，最高可延长至 8h，停机时间为 1h"。但由于国内大部分燃煤机组参与电网深度调峰，部分机组存在低负荷运行工况下 SCR 入口烟温低于 MOT 的问题，即不能实现宽负荷脱硝；部分机组存在启停机阶段无法满足上述时间要求的问题。由此将会带来不能享受电价补贴、超额缴纳排污费，以及存在环保核查风险等问题。随着当前煤电机组发电形势日益严峻、燃煤煤质进一步恶化，以及超低排放后脱硝运行压力进一步增大，宽负荷脱硝问题将更加凸显。

因此不管是从企业守法、环保达标排放，还是从争取电价、减少排污费、污染物总量减排等角度考虑，实现燃煤机组宽负荷脱硝均具有重要的意义。

二、宽负荷脱硝技术措施分析

通过调研并总结当前国内外实现燃煤机组 SCR 烟气脱硝系统宽负荷投运的技术措施（或方向），主要可分为运行调整和工程改造两方面。

（一）运行调整

在 MOT 基础上，部分催化剂厂商基于应用研究提出可喷氨温度（MIT）与 ABS 温度。其中 MIT 是指 NH_4HSO_4 缓慢、少量生成且可通过升温至 MOT 以上运行一段时间，实现催化剂活性恢复的最低温度点；而在 ABS 温度下，NH_4HSO_4 快速、大量生成，且无法通过升温完全恢复催化剂活性。在实际脱硝运行中可据此进行适当调整，并结合锅炉运行调整以实现低负荷工况下的脱硝投运。

（1）从锅炉运行调整角度。针对 SCR 脱硝系统中低负荷工况下入口烟温偏低的情况，通过改变磨煤机运行方式、磨煤机风粉分配特性、锅炉配风方式、燃烧器摆角及锅炉整体运行氧量等措施，牺牲一定的锅炉经济性，来提高低负荷工况下省煤器出口烟气温度。以某电厂 1000MW 机组为例，在 500MW 负荷条件下，通过采取提高上层磨煤机出力、降低下层磨煤机出力，适当降低磨煤机出口温度、推后风粉着火点，提高送风温度、冬季及时投入暖风器，适当增加送风量、提高炉膛负压、上移火焰中心，适当开大再热器侧烟气挡板、关小过热器侧烟气挡板等措施，SCR 入口烟温由约 295℃提升至约 315℃，实现了宽负荷脱硝。

（2）从脱硝运行调整角度。通过喷氨调整优化试验实现脱硝装置高效运行，减少系统喷氨量，从而提高 NH_4HSO_4 生成温度；分析特定烟气条件下的 NH_4HSO_4 沉积及分解规律，指导机组负荷调配与脱硝投运控制，实现低负荷下 MIT 至 MOT 运行再到高负荷进行催化剂活性恢复，消除 NH_4HSO_4 沉积影响，从而实现 SCR 脱硝系统宽负荷投运。以某电厂 600MW 机组为例，催化剂厂家的性能保证 MOT 为 320℃，在机组夜间 50%负荷运行时，烟温降低至 305℃，导致脱硝退出运行。经专家诊断机组实际运行条件（燃煤条件、低负荷脱硝入口 NO_x 浓度、机组负荷历史曲线、可调配空间等），提出了一整套低负荷 SCR 脱硝运行方式，当前已稳定运行近 2 年时间，未出现明显不利影响。

该方式的优点在于无需技术改造，能够节约改造投资；缺点在于对运行人员技术水平有一定要求，烟温调整幅度较小（一般在 20℃以内），因此应用范围有限，且锅炉燃烧调整需要牺牲一定的经济性。

（二）工程改造

工程改造的主要思路是减少 SCR 反应器前省煤器内介质的吸热量，提高 SCR 入口烟气温度。目前主要的工程改造方案包括省煤器烟气旁路、省煤器给水旁路、省煤器分级改造、抽汽加热给水、热水再循环等。此外宽温差催化剂也是当前宽负荷脱硝技术领域的研究热点，但其技术可靠性仍有待进一步检验。以下对上述方案原理及优缺点进行分别论述。

1. 省煤器给水旁路

在省煤器进口集箱以前设置调节阀和连接管道，将部分给水短路，直接引至下降管或省煤器中间集箱，减少给水在省煤器受热面中的吸热量，以达到提高 SCR 烟气脱硝系统入口烟气温度的目的，实现宽负荷脱硝投运（见图 8-1）。

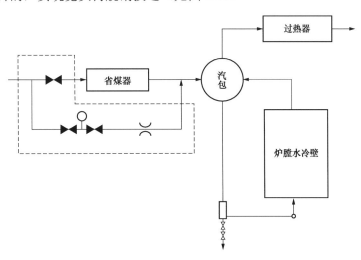

图 8-1　省煤器给水旁路示意图

优点：工程投资较小（单台 600MW 机组投资约 400 万～600 万元），仅需要设置一条给水至下降管或省煤器出口的旁路和一套流量调节系统，系统简单，安全可靠。

缺点：调节烟温幅度较小（10℃以内）。如所需调节温度幅度过大，则需要旁路的给水量太大，将会产生省煤器内介质超温现象，可能会对省煤器造成气蚀，威胁到机组的安全运行。此外，该方案会导致排烟温度升高，影响机组经济性（热效率可能降低 0.1%～0.5%），并且对电厂的运行控制方式带来一定的改变。

2. 省煤器烟气旁路

该方案基本原理为在省煤器进口位置的烟道上开孔，抽一部分烟气至 SCR 入口处，设置烟气挡板，增加部分钢结构。在低负荷时，通过抽取烟气加热省煤器出口过来的烟气，使低负荷时 SCR 入口处烟气温度达到脱硝最低连续运行烟温以上（见图 8-2）。

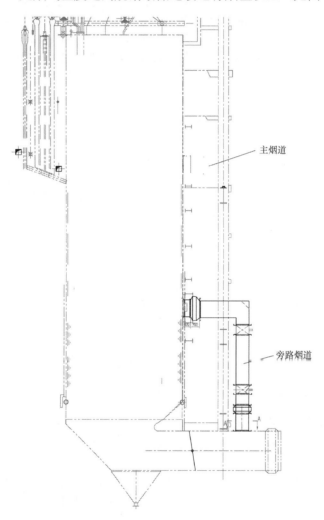

主烟道

旁路烟道

图 8-2 省煤器烟气旁路示意图

优点：理论上烟温调控范围较大，投资成本相对较低（单台 600MW 机组投资约 400 万～600 万元），实施简单。

缺点：同样会导致排烟温度升高，影响机组经济性（锅炉效率可能降低约 0.2%～1.0%），且对电厂的运行控制方式带来一定的改变。旁路烟道中粉尘含量较高，对挡板的磨损较为严重，所以对于挡板的材料和制造工艺有较高要求。此外，该方案要求旁路烟道与主烟道的压力匹配良好，以实现合理的流量分配，从而满足烟温控制的要求，但实际运行中安装在较大尺寸烟道上的挡板的控制精度往往难以保证。旁路挡板在长时间高温运行中容易产生变形、卡涩、密封不严，需要经常维护保养甚至更换。

3. 省煤器分级设置

在进行热力计算的基础上，将原有省煤器靠烟气下游部分拆除，在 SCR 反应器后增设一定量的省煤器受热面。给水直接引至位于 SCR 反应器后面的省煤器，然后通过连接管道引至位于 SCR 反应器前面的省煤器中。通过减少 SCR 反应器前省煤器的吸热量，达到提高 SCR 反应器入口温度到 MOT 以上的目的。烟气通过 SCR 反应器脱硝后，进一步通过 SCR 反应器后的省煤器来吸收烟气中的热量，以保证空气预热器进、出口烟温基本不变，即在实现宽负荷脱硝的同时,保证锅炉的热效率等性能指标不受影响（见图 8-3）。

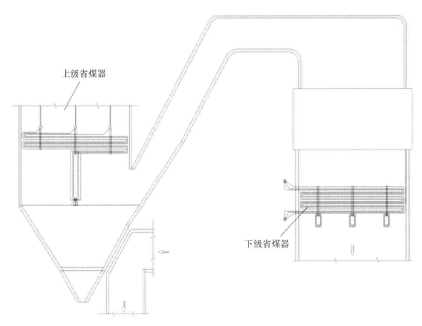

图 8-3　省煤器分级改造示意图

优点：不改变锅炉整体热量分配和运行、调节方式，随负荷变动可调节范围大，排烟温度基本保持不变，锅炉运行经济性得到保证。

缺点：投资成本相对较高，单台 600MW 机组投资约为 1500 万～2000 万元；如果机组负荷率较高，脱硝催化剂运行温度整体提高，可能偏离催化剂的最佳反应温度范围，且存在脱硝催化剂高温烧结的风险。

4. 热水再循环

该方案的原理为通过热水再循环提高给水温度，减少省煤器的冷端换热温差，以减少省煤器对流换热量，使省煤器出口烟气温度提高。

具体方法是在汽包下降管合适的高度位置另外引出循环管路，混合后经过新增加的循环泵加压，引入至给水管路（见图8-4）。提高省煤器进口水温，减小省煤器水侧与烟气侧的传热温差，从而达到减少省煤器吸热量、提高省煤器出口烟气温度的目的。该方案能够实现烟温大幅提升，根据已有案例，烟温可提高40℃以上。

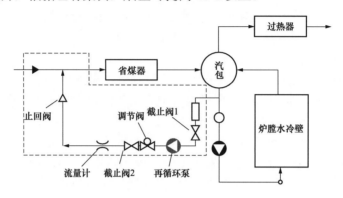

图 8-4　省煤器热水再循环系统示意图

优点：调节灵敏精确，提温幅度大。

缺点：投资成本相对较高，单台 600MW 机组投资约 1200 万～1800 万元；改造后系统投运时排烟温度升高，锅炉效率下降。

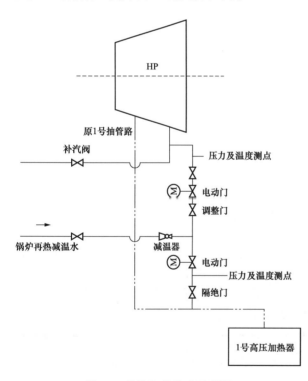

图 8-5　抽汽加热给水示意图

5. 抽汽加热给水

对于超临界、超超临界机组，可通过在原给水加热系统基础上，利用现有汽轮机特性，在补汽阀后选择合适的抽汽点，增加一路抽汽。同时可以选择增加一级加热器采用该抽汽加热给水，该抽汽量通过调节门进行控制，控制新增加热器的入口压力及低负荷工况下的给水温度。或者与原第一级抽汽并联接入到一号高压加热器，在机组低负荷情况下，通过投运新一路抽汽，关闭原第一级抽汽口，通过调节门控制加热器入口压力，保证低负荷工况下给水温度，减少省煤器在低负荷工况下的吸热量，提高省煤器出口烟气温度，实现宽负荷脱硝功能（见图8-5）。

优点：系统调节灵敏，降低机组热耗率。

缺点：应用范围较小，只能针对部分具有补汽系统的汽轮机采用该方案。而且采用该方案需要对原热力系统及热平衡图进行分析计算，确保改造后设备安全、可靠。

三、典型案例分析

以某 600MW 机组为例，综合考虑改造的安全可靠性与技术经济性，将改造目标设定为锅炉最低稳燃负荷 35%THA～BMCR 负荷范围内，省煤器出口最低烟温约为 305℃，最高烟温不高于 400℃（见表 8-1）。经技术可行性论证，针对该案例机组低负荷运行烟温较 SCR 最低连续运行烟温低近 25℃的特点，仅省煤器流量置换、省煤器烟气旁路和省煤器分级设置三种方案技术上成熟可行，因此以下对该三种方案做进一步技术经济论证。

表 8-1 省煤器出口烟温数据

工况	负荷范围（MW）	A 侧		B 侧	
		烟温范围（℃）	平均烟温（℃）	烟温范围（℃）	平均烟温（℃）
T-1	595～615	355～375	368	351～375	365
T-2	453～458	337～351	340	335～342	338
T-3	351～363	318～323	321	312～327	320
T-4	302～314	301～305	303	300～301	304
T-5	212～255	282～296	285	282～300	286

（一）改造范围及新增工艺设备

省煤器流量置换方案主要包括给水旁路与热水再循环两部分。给水旁路改造内容及新增工艺设备主要包括冷热水混合器、调节阀、截止阀、止回阀、流量计、设暖管旁路及相应测点，给水管道上装设憋压阀，新增原给水管道至省煤器出口连接管之间的给水管道、管道支吊架、其他疏水设置等。热水再循环改造内容及新增工艺设备主要包括再循环泵、压力容器罐、冷热水混合器、调节阀、截止阀、止回阀、流量计、最小流量管线、设暖管旁路和相应测点，以及相应的疏水系统。

省煤器烟气旁路改造主要包括旁路烟道挡板门、旁路烟道、保温、膨胀节、水冷壁改造及钢构加固等。省煤器旁路烟道靠近锅炉侧设置非金属膨胀节和双百叶调节性挡板门。为保证省煤器旁路烟气与主烟道烟气混合均匀，省煤器旁路烟道在与主烟道接口前分为若干小单元，并在主烟道中布置气流均布板。省煤器烟气旁路与水冷壁接口处需要去掉水冷壁的鳍片，用于烟气流通。

省煤器分级改造方案主要涉及在锅炉热力计算的基础上，对现有省煤器的割除和新增省煤器的布置。根据计算结果，将现有的省煤器热面切除约 17%，通过散管将保留的 83% 省煤器管恢复连接至原省煤器进口集箱。在脱硝出口烟道内，沿宽度方向布置一级省煤器，省煤器换热面积约为原省煤器总换热面积的 17%。

（二）投资估算

工程投资主要数据见表 8-2。

表8-2 工程投资主要数据

序号	项目名称	单位	流量置换	烟气旁路	分级设置
1	工程静态投资	万元	1862	542	1615
2	静态工程单位投资	元/kW	31.03	9.03	26.91
3	建设期贷款利息	万元	24	7	21
4	工程动态投资	万元	1886	549	1636
5	动态工程单位投资	元/kW	31.43	9.15	27.26

（三）安全可靠性比较

采用热水再循环方案，稳定负荷状态下安全性较高。但在变负荷动态运行情况下，考虑到直流炉的特性，热水循环泵流量和给水到省煤器出口连接管旁路流量的控制匹配问题是一个难点，其对设备及其可靠性要求非常高，若匹配不好可能造成非故障停机。随机组负荷变化调节阀门和再循环泵，锅炉运行操作更为复杂。此外由于增加了管阀及再循环泵，检修点增加较多，且都为A级设备，设备安全风险点增加较多。

采用省煤器烟气旁路方案，旁路烟道需要设置关断挡板和调节挡板，挡板在长时间高温高灰条件下运行会产生积灰、变形或卡涩，造成无法正常打开投入运行。

采用省煤器分级设置方案，锅炉运行方式不变，系统安全性与改造之前基本一致。但是由于分级设置缺乏对SCR入口烟温的调节措施，入炉煤煤质波动较大，有可能引起SCR入口烟气超温，后续锅炉运行过程中应对此进行特别关注。

（四）技术经济性比较（见表8-3）

表8-3 技术经济性比较

项目	省煤器流量置换	省煤器烟气旁路	省煤器分级设置
适用负荷范围	35%THA～BMCR	35%THA～BMCR	35%THA～BMCR
静态投资（万元）	1862	542	1615
运行方式	随负荷变化调节阀门和再循环泵	随负荷变化调节挡板	不变
锅炉效率	高负荷下锅炉效率不受影响；低负荷下排烟温度升高，锅炉效率下降	高负荷下锅炉效率不受影响；低负荷下排烟温度升高，锅炉效率下降	锅炉效率不受影响

从表8-3可以看出，省煤器流量置换方案投资最高，省煤器烟气旁路方案投资最低。流量置换与烟气旁路方案均会导致低负荷下锅炉效率下降，而采用省煤器分级的锅炉效率不受影响。

此外，根据机组运行现状，负荷330MW以下烟温已不能满足SCR运行要求。假设流量置换与烟气旁路方案对锅炉效率影响为降低1%，机组330MW以下的折算年利用小时为400h，则仅设部分造成的损失将为

$$400h \times 600MW \times 1\% \times 321g\ 标准煤/kWh \times 850\ 元/吨标准煤 = 66\ 万元$$

四、小结

各宽负荷脱硝改造方案优缺点、工期及费用分析比较见表 8-4。

表 8-4　　　　　　　　　宽负荷脱硝改造技术措施分析比较

方案	工程改造方案（针对具体工程以下方案可以组合使用）					
	省煤器给水旁路	省煤器烟气旁路	省煤器分级改造	热水再循环	抽汽加热给水	宽温差催化剂
优点	投资少，工程量小	投资少、工程量小	不影响锅炉经济性；不增加运维工作量	烟气提温幅度大；可精确调节	会降低机组热耗率	工程量小；不增加运维工作量
缺点	调温幅度有限（10℃以内）；影响锅炉效率	可能影响脱硝流场；对设备可靠性要求较高；影响锅炉效率	投资及工程实施难度较大；部分项目空间受限；SCR 整体温度窗口提高，可能偏离最佳脱硝温度范围	初投资高，系统复杂；影响锅炉效率	涉及汽轮机与锅炉热力平衡变化；运行控制要求相对较高	初投资较高；调温幅度有限
工期（天）	30	30	50	50	30	15
费用（万元/台，以600MW机组为例）	400～600	400～600	1500～2000	1200～1800	700～1000	1000～1500

对于烟温偏离设计值较小、有望通过优化运行调整实现宽负荷脱硝的项目，应综合考虑影响 SCR 低负荷投运的因素（负荷调度可调性、燃料情况、低负荷锅炉燃烧状况、脱硝装置运行状况、MOT 与 MIT 偏差等），形成系统可行的低负荷投运方式，从而避免大规模改造。

各宽负荷脱硝改造方案均有一定的应用边界条件，且投资及对机组运行经济性的影响均不同。因此应根据各项目实际情况，全面分析边界条件，深入分析各改造方案的可行性、适用性和经济性，经技术经济比选后优化选择最优技术方案。尤其是改造项目应针对现役机组特点、燃煤状况、SCR 烟气脱硝系统设计数据、设备状况、布置方式等，采取最适宜的改造方案。

9

静电除尘器高效电源技术

一、背景

常规静电除尘器的供电电源采用晶闸管控制的高压硅整流（T/R）设备，将工业交流电转换成高压直流电供给静电除尘器。电源的基本工作频率为 50Hz 或 60Hz，所产生的峰值电压比平均电压高，容易在静电除尘器的电场中触发电火花。因此常规供电电源主要以火花电压为控制目标，粉尘荷电发生在电晕放电区，以火花放电处为最佳。

常规静电除尘器供电电源在固定同极距条件下，提高供电功率可能产生不利影响，导致供电电源实际运行参数远小于设计二次电流和二次电压，电源供电效率低，且容易产生电晕封闭等不良后果，另外还会对极板、极线产生电腐蚀的负面作用。

随着国家除尘新政策的实施，进一步提高电除尘效率迫在眉睫，静电除尘器的核心装置供电电源也得到了广泛发展，常规静电除尘器的工频电源已逐渐被高效电源所代替。高效电源主要类别包括高频电源、三相电源、脉冲电源、临界脉冲、智能变频及软稳电源等，各种高效电源能够不同程度地提高静电除尘器的除尘效果。

二、技术分析

（一）高频电源

1. 技术机理

高频电源是将三相交流输入整流为直流电，经高频逆变为 20～50kHz 交流电，后由高频变压器升压、整流后输出直流高压，为静电除尘器提供纯直流高压电。相对于传统的工频电源（即整流变压器），高频电源能为负载提供非常纯净、稳定的直流电。其工作原理如图 9-1 所示。

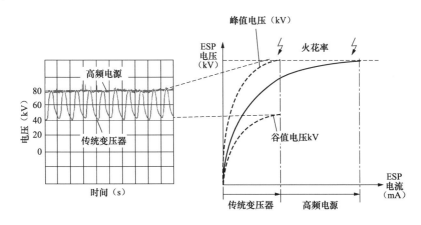

图 9-1　高频电源工作原理图

2. 技术特点

对于高比电阻粉尘，容易形成反电晕，严重影响除尘效率，同时造成能耗大幅提高。

当粉尘的比电阻较高时，首先其粉尘颗粒较难荷电；其次荷电后的粉尘到阳极板后，所带电荷在短时间内难以传递给阳极板，这样就在阳极板的表面产生反电晕。

采用大容量高频电源，可以建立足够大的场强，首先使难以荷电的高比电阻粉尘荷电，并被吸附到阳极板；其次采用高频供电方式，在提高电场强度的同时，能够给收集到阳极板的粉尘足够的时间将自身电荷转移到阳极板。这样既有利于高比电阻粉尘的荷电，又有利于控制反电晕的发生。

3. 设备情况

目前，高频电源国外品牌主要有阿尔斯通公司，国内的厂家也在积极研发后生产出了具有自主技术产权的产品。随着高频电源技术的日渐完善，其广泛应用于火力发电、冶金、化工等众多行业的烟气粉尘治理。高频电源的广泛应用实现了电除尘器配套电源技术的提高，极大拓展了电除尘器的适用范围，同时排放标准越来越严格等挑战也激励着高频电源技术向着更成熟、更完善、更现代化的方向发展。

（二）脉冲电源

1. 技术原理

脉冲电源采取混合供电模式，即在直流（工频或高频高压）供电的基础上叠加脉冲电压。脉冲电压幅值高可提高平均场强，并产生"微火花"以增加空间电荷。采用间歇脉冲供电技术降低电流可以克服高比电阻粉尘引起的反电晕，即除尘器电场上施加电压是由基础电压（V_{dc}）和脉冲高电压（V_{ps}）叠加而成的。脉冲电源的工作原理见图9-2。

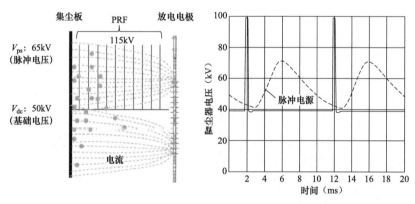

图 9-2　脉冲电源工作原理图

2. 技术特点

脉冲电源以窄脉冲电压波形输出为基本工作方式，其主要目的是在不降低或提高除尘器运行峰值电压的情况下，通过改变脉冲重复频率调节电晕电流，以抑制反电晕的发生，使电除尘器在收集高比电阻粉尘时有更高的收尘效率。

脉冲电源的3个变量（基础电压、脉冲电压、工作电流）都可以单独控制，其工作电压达到 70～80kV，加大了粉尘的荷电能力。由于脉冲很窄（120μs 左右），使得电除尘器总的能耗大幅下降，比工频电源节电约 60%～80%。

脉冲电源的供电方式抑制了大量无用的电子流吸附于阳极板的高比电阻粉尘之上，从而有效地防止了电场中反电晕的产生。极窄的高能脉冲有效突破了常规直流电源的闪络电压限制，峰值电压可提高到 140kV 以上，输出电流由几安提高到 200A 以上。

3. 设备情况

脉冲电源是电除尘器配套使用的新型高压电源之一，其脉冲供电方式在世界上已被公认为是改善电除尘器性能和降低能耗最有效的方式之一，可广泛应用于电力、冶金、化工、水泥等行业的烟气粉尘治理。脉冲电源的国外厂家有丹麦 SMIDTH 公司、韩国达文西思公司等，国内厂家有天明环保公司等。

（三）临界脉冲电源

1. 技术原理

临界脉冲电源是在火花临界区采用微脉冲荷电方式，使电场一直处于"二次电子崩"和"流注初期"的最佳荷电状态。通过"限能"＋"储能"方式实时跟踪电场离子浓度、温度等引起的电压急剧变化的环境变量，实现无须大幅降压或关断以熄灭火花，连续输出临界电压，保持连续荷电及足够的电场力（荷电场强、驱进场强足够大）。实现了"空间自由离子密度"最大化，有利于对微细粉尘的有效捕捉，利于减排。同时避免了火花放电所造成的能耗，实现了更大幅度的节能。临界脉冲电源工作原理见图9-3。

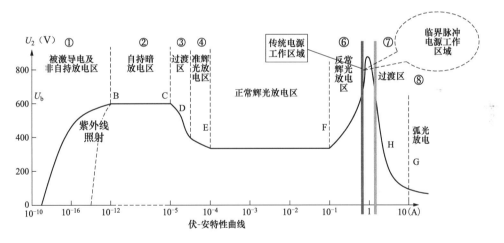

图 9-3　临界脉冲电源工作原理图

2. 技术特点

临界脉冲电源的工作电压不采用"火花率"来控制，运行电压始终控制在瞬时工况下不断变化的火花始发点以下临界处，实现了电场有效电压的最高化。有效拓宽捕集粉尘比电阻的范围，使难以荷电的粉尘荷电，从而形成所谓"脉冲式供电有效抑制反电晕"，其实质就是平均电流较小。使粉尘达到最佳荷电率，降低了粉尘层在极板上的电荷积累，能够有效抑制反电晕。

临界脉冲电源采用高频技术，其功率因数高，避免了火花放电所造成的能耗，实现了更大幅度的节能；另外其供电过程都处于无火花放电状态，所以不产生电腐蚀，从而保证了除尘器本体包括极线、极板长期处于高效稳定运行状态。

3. 设备情况

临界脉冲电源在国内的主要厂家有北京绿建环能科技有限公司等。

（四）三相电源

1. 技术原理

三相电源的主回路是由六只晶闸管构成三相移相调压电路，高压硅整流变压器也是三相输入、三相输出，三相整流成一路直流高压。其工作原理见图9-4。

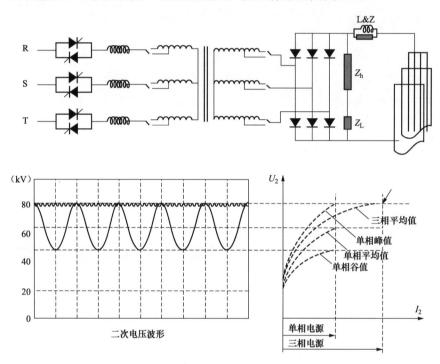

图 9-4　三相电源工作原理图

2. 技术特点

（1）三相电源是采用三相同步输入、三相同步叠加输出的高压电源，其额定输出平均电压是单相升压变压器的 1.5 倍。

（2）整流后输出纹波小，从而有效提高二次电压和二次电流，形成高电压和高电流供电。

（3）三相供电平衡，各相电压、电流、磁通的大小相等，保证任何时刻均处于平衡状态，从而克服了单相不平衡供电的弊端，提高电能转换效率，进而实现更好的火花控制特性，有效抑制反电晕。

（4）输出高电压供电，三相电源的峰值电压与平均电压比较接近，几乎接近直流信号，从而有效地提高粉尘的荷电能力，提高效率，降低粉尘排放。

3. 设备情况

三相电源自 2005 年进入市场应用，经过 10 多年各个行业的应用，实际应用最大额定输出功率为 2.4A/90kV，火花控制特性和产品可靠性与常规单相电源基本一致，产品具有较高的可靠性。生产研究三相电源的主要厂家和机构有浙江大维公司、中荷环保公司、康盛伟业公司等。

（五）智能变频电源

1. 技术原理

智能变频电源通过低压侧逆变正弦输入技术，主动控制极板电流密度，改变本体伏安特性，提高电压拐点，从根本上提高二次电压。通过直流基波叠加高压窄脉冲，从而有效增大粒子荷电量。其工作原理见图9-5。

2. 技术特点

（1）相比高频和三相电源，在相同二次电压下，可用较小的电流实现粉尘荷电；在相同的二次电流下，可实现更高的二次电压。

（2）实现极板的火花清灰，从而清除机械振打难以清除的积灰，保持极板的工作状态。

（3）以伏安特性为控制对象，替换被动跟踪火花放电电压的单一控制手段，解决以浊度仪进行判断的输入准确性问题。

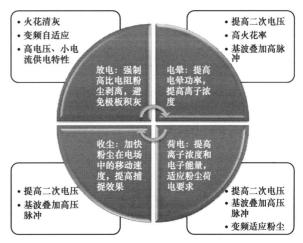

图9-5 智能变频电源工作原理

（4）在除尘的电晕阶段、荷电阶段、收尘阶段和粉尘的放电阶段均有效提高电场二次电压。

3. 设备情况

智能变频电源目前在个别机组上有相关应用，其主要厂家有清能科技公司等。

（六）软稳电源

1. 技术原理

软稳电源采用三相电源供电，经过滤波整流、电压调整、高频逆变、闪络控制等环节，为电场提供可靠的始终处于火花临界处的输出电压，减少了火花电压造成的能量损失及无法连续供电弊端，提高了输入电压的有效利用率，改善除尘效果。

三相输入电压经过可控整流，并根据上位机记忆的控制配方调整输出电压后，经过高频逆变并升压。升压过程中根据输入的电场粉尘浓度、温度、负荷（风量）等信号调整绕组耦合程度，进一步调整适合电场的输出二次电压，使二次电压稳定输出在火花电压的临界值以下，并根据实际使用调整电晕电流。其工作原理见图9-6。

2. 技术特点

（1）软稳电源工作电压的最佳点是在火花始发点以下的临界处，在整个过程中都没有火花放电产生。软稳电源和常规电源相比，不仅因为软稳电源消除了肉眼能看得见的火花放电，同时也消除了肉眼看不见的超出火花放电的那部分。

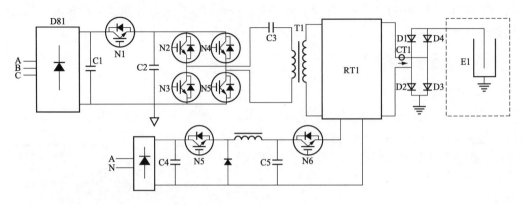

图 9-6　软稳电源工作原理

（2）软稳电源供电电流较小，使得集尘极表面荷了电的高比电阻粉尘电荷容易释放，减少高比电阻粉尘层局部放电现象，有效拓宽粉尘的比电阻范围，使得原本更难处理的灰尘相对荷电容易。

（3）其对放电极不产生电腐蚀问题，从而能保证除尘器处于长期高效稳定运行，根据负载变化（电场内温度、湿度、粉尘浓度及市电波动），自动调节输出电压，改善放电状态。

3．设备情况

软稳电源于 2010 年前后在燃煤机组上取得应用，目前已有近十台应用业绩。软稳电源的主要厂家有北京中环博业公司等。

（七）高频基波叠加脉冲电源

1．技术原理

高频基波叠加脉冲电源总电路整体分为高频基波部分和脉冲部分两大部分。高频基波部分输入的三相工频交流电源经过三相全桥整流后变成低压直流电，再经过全桥逆变电路产生高频交流脉冲，高频高压整流变压器最后将低压高频交流脉冲升压整流后，产生负高压高频基波电压送至叠加电路。脉冲部分输入的三相工频交流电源经过晶闸管调压、三相变压器升压、三相全桥整流后，变成 2000～3000V 直流电，经过电容储能，全桥逆变电路发送，产生低压窄脉冲。脉冲变压器将低压窄脉冲升压至负高压脉冲后，送至叠加电路与高频基波部分送来的负高压高频基波电压叠加，得到基波叠加脉冲的负高压电，供给电除尘器电场使用（见图 9-7）。

2．技术特点

（1）高频基波脉冲电源为一体化集成脉冲电源，可以自动跟踪电除尘电场工况的变化，自动分配基波电压与脉冲电压的比例，使电除尘达到最佳的除尘效果。

（2）高频基波脉冲电源采用高频电源方案，利用高频电源的二次电压输出稳定的特性，为电除尘电场提供一个平均值稳定的直流电源，使荷电粉尘有一个稳定的电场驱动力，起到基础荷电收尘的作用。高频电源的开关频率为 0～30000Hz，脉冲基波电压输出任意调节，能适应各种电除尘工况。

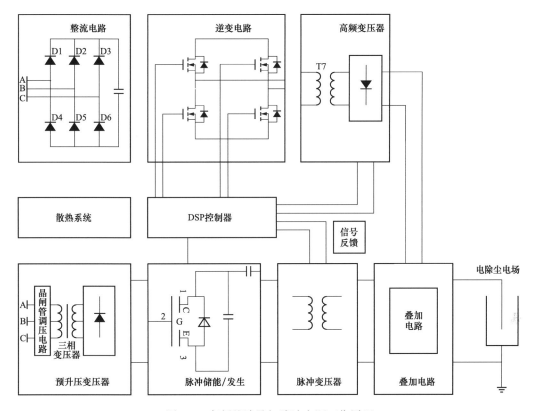

图 9-7　高频基波叠加脉冲电源工作原理

（3）脉冲峰值电源控制脉冲变压器的低压侧，极大地提高了脉冲电压的上升率，能在瞬间输出兆瓦级的功率，使粉尘包括超细微颗粒粉尘也能在瞬间荷电，提高了除尘效率。由于采用瞬时输出，在高比电阻粉尘时既不会产生反电晕，能适应各种不同的比电阻粉，也降低了能耗。

三、案例分析

如图 9-8 和图 9-9 所示，采用高效电源并结合其他提效技术进行静电除尘器提效时，除尘器出口烟尘排放浓度可以控制在 $20mg/m^3$ 以下，静电除尘器效率可达 99.9%以上。

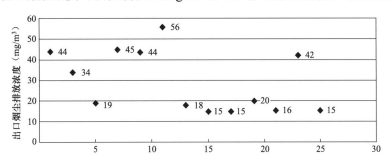

图 9-8　高效电源提效后除尘器出口烟尘排放浓度统计

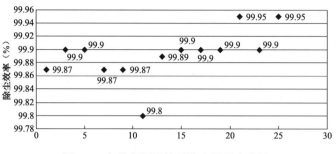

图 9-9　高效电源提效后除尘器效率统计

（一）某 A 电厂 300MW 机组

2~4 号机组均为 300MW 级机组，2 号机组为双室六电场的静电除尘器，前两电场为阿尔斯通高频电源，后四电场改为国产高频电源，改造性能保证值为 20mg/m³。3、4 号机组为双室五电场的静电除尘器，一、二电场为阿尔斯通高频电源，三~五电场为国产高频电源，改造性能保证值为 30mg/m³。

实际排放指标方面，2 号机组静电除尘器出口烟尘排放浓度为 15mg/m³；3、4 号机组静电除尘器出口烟尘排放浓度小于 30mg/m³，均能够满足性能指标要求（见表 9-1）。

表 9-1　　　　　　　　　　　2~4 号机组电源运行参数

机组	电流电压数值	阿尔斯通电源		国电南自电源			
		一电场	二电场	三电场	四电场	五电场	六电场
2 号机	U_1（V）	400	400	550~700	550~600	550~630	550~630
	I_1（A）	30~80	10~70	60~200	15~136	10~30	50~135
	U_2（kV）	42~53	32~65	28~57	25~45	20~30	20~50
	I_2（mA）	320~700	150~600	130~780	20~550	30~70	70~450
3 号机	U_1（V）	380	380	500~560	490~530	500~540	—
	I_1（A）	70~140	50~130	130~160	90~180	90~140	—
	U_2（kV）	50~65	50~60	45~50	40~50	50~65	—
	I_2（mA）	600~1100	500~1200	500~800	400~800	340~650	—
4 号机	U_1（V）	370~390	370~390	530~560	500~530	540~570	—
	I_1（A）	70~110	80~100	160~220	130~190	90~140	—
	U_2（kV）	50~60	50~55	20~55	50~60	45~70	—
	I_2（mA）	600~1100	750~810	700~1000	600~900	300~700	—

（二）某 B 电厂 600MW 机组

5 号机组配置双室四电场电除尘器，一电场采用高频电源（额定参数为 1.2A/72kV），后三个电场采用工频电源（额定参数为 1.2A/72kV），性能保证值为 50mg/m³。6 号机组配置双室四电场电除尘器，全部电场均采用高频电源（额定参数为 1.2A/72kV），性能保证值为 50mg/m^3。

实际排放指标方面，5、6 号机组静电除尘器出口烟尘排放浓度分别为 42mg/m^3 与 27mg/m^3，均能够达到设计性能保证值（见表 9-2）。

表 9-2   5、6 号机组电源运行参数

机组	电流电压数值	一电场	二电场	三电场	四电场
5 号机	U_1（V）	500～520	220～280	250～300	250～350
	I_1（A）	80～120	200～260	180～230	160～220
	U_2（kV）	55～60	50～60	50～60	40～60
	I_2（mA）	500～900	250～700	600～700	550～800
6 号机	U_1（V）	520～560	550～600	500～600	500～550
	I_1（A）	40～190	25～180	40～100	15～80
	U_2（kV）	35～60	10～60	40～55	30～50
	I_2（mA）	150～700	70～700	150～400	40～350

（三）某 C 电厂 1000MW 机组

2 号机组为 1000MW 燃煤机组，配置三室五电场电除尘器，其中前四电场采用固定电场，均配置高频电源（额定参数为 1.6A/72kV/1.8A/72kV），末电场采用旋转电极，性能保证值为 30mg/m^3。

实际排放指标方面，2 号机组除尘器出口烟尘排放浓度分别为 26mg/m^3 与 24mg/m^3，能够达到设计性能保证值（见表 9-3）。

表 9-3   2 号机组电源实际运行参数

机组	电流电压数值	一电场	二电场	三电场	四电场	五电场
2 号机	U_1（V）	530～560	530～560	520～550	540～570	230～300
	I_1（A）	120～200	100～170	100～150	100～160	160～230
	U_2（kV）	45～50	50～60	45～50	45～50	54～67
	I_2（mA）	400～600	350～600	400～500	380～460	360～520

（四）某 D 电厂 300MW 机组

某 D 电厂 300MW 机组电除尘器改造项目，原除尘器为双室四电场，全工频电源。由于场地问题无法增加电场，最终采取的实施方案为：一、二电场采用高频电源，三、四电场采用高频基波叠加脉冲电源，三、四电场加装径流式集尘孔板。

二电场的同极距为 400mm，高频电源参数为电压 40～45kV/电流 700～800mA；三、四电场的同极距为 455mm，高频电源（基础电源）参数为电压 30～35kV/电流 200～300mA；高频基波叠加脉冲电源参数为：峰值电压 30～40kV/峰值电流 150～200A，脉冲频率 100Hz。改造完成后除尘器实际出口粉尘浓度从原来的约 100mg/m^3 下降到 26mg/m^3。

四、小结

高效电源可以进一步提高静电除尘器的除尘器效率（可以达到 99.90%以上），在控制入口烟尘浓度（小于 $30g/m^3$）的条件下可实现除尘器出口烟尘排放浓度低于 $20mg/m^3$。

高效电源可有效改善除尘器的收尘特性，有利于提高除尘器对高比电阻粉尘的收尘效果，从而提高除尘器的效率。根据实际工程情况，不同的高效电源可采用从第一电场开始从前往后进行改造，也可从末电场开始从后往前进行改造。对于改造项目，仅采用高效电源起到的效果相对有限，为有效降低烟尘的排放浓度，需将高效电源与其他提效技术协同利用。

10

低低温电除尘器技术

一、背景

在环保排放限值日益严格的形势下，各地方政府均在国家相关政策的基础上对燃煤机组提出了更高的环境目标。电除尘器具有高效率、低能耗、使用简单、维护费用低且无二次污染等优点，在国内外燃煤电厂烟尘治理领域一直占主导地位。

常规静电除尘器在实际应用过程中存在如下不足：

（1）烟气中粉尘的比电阻对静电除尘器运行存在重要的影响，当比电阻过大时，静电除尘器的正常工作过程受到干扰，形成反电晕，严重影响除尘效率，同时造成能耗大幅提高。

（2）对同一种粉尘，在不同的温度和湿度下静电除尘器的处理效果也存在很大差异。

（3）早期排放标准较低，静电除尘器设计过程中存在出口烟尘排放浓度较高、除尘器本体比集尘面积较小、烟气流速较大、烟气停留时间低等问题。

（4）早期多数燃煤机组受煤种变化大、负荷波动的影响，常规静电除尘器出口实际烟尘排放浓度一般大于 $50mg/m^3$，个别除尘器出口排放浓度大于 $200mg/m^3$，很难达到原设计排放要求。

为实现烟尘的超低排放，需对常规静电除尘器进行优化提效，以减轻后续环保设备协同除尘的压力。针对常规静电除尘器运行受比电阻等因素的影响，日本三菱公司于 1997 年开始应用低低温除尘技术，通过降低烟温，降低除尘器入口烟气量、飞灰比电阻，提高静电除尘器除尘效果。同时低低温换热器在烟气中回收的热量可以进一步综合利用，对电厂的节能降耗具有一定的积极作用。

二、技术分析

（一）技术原理

低低温除尘技术的核心是在静电除尘器之前布置一套烟气降温系统，使静电除尘器的运行温度由 130～150℃降低到 90～100℃左右。通常烟气降温系统换热器采用的热媒是水，水在换热管内不断流动吸收换热管外烟气中的热量。回收的热量可以加热给水，节约锅炉燃煤量，系统流程图如图 10-1 所示；回收的热量也可以用于脱硫塔出口烟气的再加热，使烟气温度抬升到 75～80℃以上，消除烟囱出口"视觉白烟"及避免烟囱腐蚀，系统流程图如图 10-2 所示。

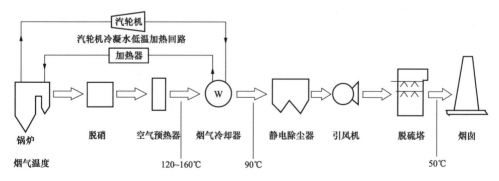

图 10-1　低低温除尘系统典型布置图

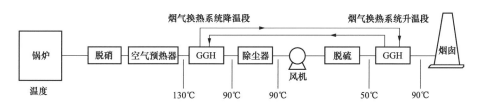

图 10-2　低低温降温＋升温系统典型布置图

低低温除尘系统与低低温降温＋升温系统的区别如下：

（1）低低温除尘系统直接通过烟气与凝结水换热，回收烟气余热，提高机组整体效率，降低机组煤耗，节能效果明显。该方式脱硫排烟温度较低，吸收塔出口带有饱和水的净烟气，在排出过程中部分冷凝形成液滴，烟气自烟囱口排出后不能有效地抬升、扩散到大气中，在电厂及周边容易形成"脱硫石膏雨"现象，且烟囱需要进行防腐。

（2）低低温降温＋升温系统是通过热媒水换取烟气余热，再利用热媒水加热脱硫塔排出的净烟气。该方式脱硫塔排出净烟气被加热，温度提高，烟气从烟囱排出后可以获得有效抬升，防止脱硫石膏雨现象的产生，可避免烟囱防腐改造。

（二）技术特点

1．提高除尘效率

低低温除尘技术降低烟温的同时，降低烟尘比电阻，从而提高电除尘器的效率（见图10-3）。另外通过降低烟气温度，使得进入电除尘的烟气量减少10%～15%左右，从而有效减小电除尘电场内的烟气流速，延长烟气处理时间，减小二次扬尘，进一步提高和稳定电除尘效率，减缓粉尘颗粒对内部构件的冲刷磨损，提高装备寿命，同时减轻除尘相关设备的运行能耗（见图10-3）。

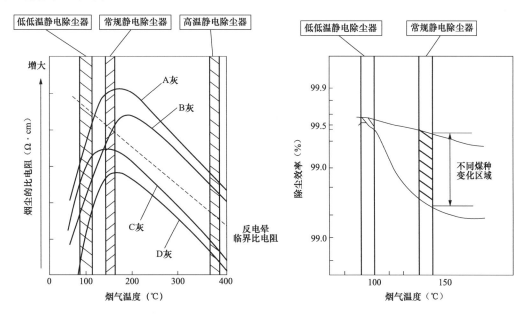

图 10-3　低低温除尘技术降低比电阻和提高除尘效率示意图

同时烟气经低低温降温后，烟气中细小粉尘粒径所占的比例会减小（如图 10-4 和表 10-1 所示）。据研究表明，吸收塔对粒径在 2.5μm 以上粉尘的脱除效率在 90%以上，低低温除尘器可以提高除尘器出口粉尘平均粒径,将粒径小于 2.5μm 的粉尘提高到 2.5μm 以上，增大粉尘粒径可提高后续脱硫设备的协同除尘效果。因此采用低低温除尘器可以提升吸收塔对于粉尘的捕集能力。

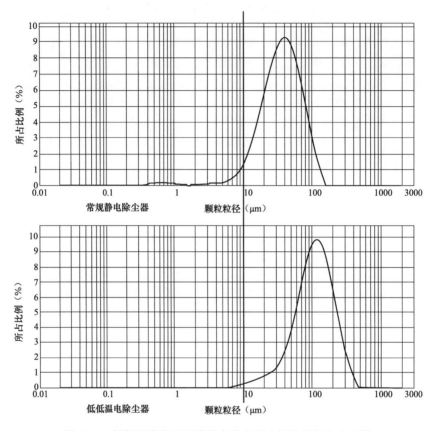

图 10-4　低低温除尘器与常规电除尘器内烟尘粒径分布分析

表 10-1　　　　　　　　　　　微细粉尘粒径分布统计

粒径（R）范围	占总粉尘的比例（%）	
	常规静电除尘器	低低温电除尘器
0<R≤2.5μm	1.12	0.14
2.5<R≤5μm	0.52	0.23
5<R≤10μm	2.49	0.35
合计	4.13	0.72

2. 有效脱除 SO_3

在锅炉空气预热器后设置烟气降温系统，使进入除尘器的烟气温度降低，改善烟气处理性能。烟气温度从 120～130℃降到 90℃左右，烟气中的 SO_3 与水蒸气结合，生成硫酸雾。此时由于未采取除尘措施，且烟气处于干烟气状态，SO_3 被飞灰颗粒吸附，然后被电除尘器捕捉后随飞灰排出，从而解决了下游设备的防腐蚀难题（见图 10-5）。但由于低低温除尘技术将换热元件布置在高含尘段，运行过程中换热元件的磨损和堵塞问题仍难以避免，目前一般通过采用耐磨材料、加装吹扫或冲洗装置、流场优化设计等措施予以缓解。

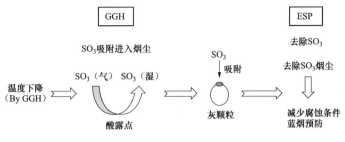

图 10-5 SO₃ 去除原理图

3. 有效降低能耗

在锅炉空气预热器后设置烟气降温系统，烟气温度降低，热媒水吸收烟气中的余热后通常水温能够提升 30℃左右。无论是应用于低低温除尘系统加热锅炉给水或汽轮机冷凝水，还是应用于低低温降温＋升温系统对烟气进行再加热，均可以节约该部分能量，有效降低电厂能耗。同时，烟气温度降低后，实际烟气流量大大减少，这不仅可以降低下游设备的规格，也有利于锅炉引风机和脱硫增压风机降低能耗。

除上述优点外，低低温电除尘技术也存在一定的不足，粉尘比电阻的降低会削弱捕集到阳极板上粉尘的静电黏附力，从而导致二次扬尘现象比常规电除尘器适当增加。但在采取相应措施后，二次扬尘现象能得到很好的控制。为防止二次扬尘，可通过加大流通面积，降低烟气流速，设置合适的电场数量，调整振打制度来控制二次扬尘。当场地受限时，可采用旋转电极式电除尘技术或离线振打技术。

（三）设计选型

1. 布置边界条件

（1）布置空间。烟气降温系统通常布置在除尘器进口竖直或水平烟道上。由于某些技改电厂除尘器进口空间狭小，烟道被钢筋混凝土框架遮挡或被钢梁支撑，不具备布置换热器的空间。因此，在进行烟气降温系统设计时，需充分考虑烟气边界条件和改造降温幅度，初步计算换热器壳体大小，并实际勘查现场空间是否满足布置要求。

（2）灰硫比。灰硫比是评价设备是否可能发生腐蚀的度量尺度。在我国烟气灰硫比宜大于 100。对于高硫、低灰的煤种（灰硫比小于 100），硫酸雾可能未被完全吸附，烟气降温系统换热原件进行腐蚀。目前，国内烟气降温系统硫分最高设计值为 2.5%。

2. 选择合适材质

20G 和 ND 钢是目前应用较多的换热管材质。20G 指的是含碳量为 0.20% 的碳素结构钢，广泛用来制造介质温度小于或等于 430℃的省煤器、过热器、水冷壁、给水管、主蒸汽管等，但其抗低温腐蚀性能差；ND 钢是一种新型的耐硫酸露点腐蚀用钢，最早应用在炼油锅炉上。ND 钢的主要特点是在中温度中浓度的硫酸中由于腐蚀而发生钝化，在钢的表面形成一层富 Cu、Cr、Sb 等合金元素，而具有高的耐硫酸腐蚀能力，广泛用于制造在高含硫烟气中服役的省煤器、空气预热器、热交换器和蒸发器等装置设备,用于抵御含硫烟气结露腐蚀。

高品质的奥氏体不锈钢是一种含碳量很低的高合金化不锈钢,由于较高的铬、镍、钼和铜含量,尤其在稀硫酸中具有优良的抗腐蚀性能;双相不锈钢是一种铁素体相和奥氏体相共存的不锈钢,与铁素体相比,塑性、韧性更高,无室温脆性;与奥氏体相比,强度高且耐晶间腐蚀和耐氯化物应力腐蚀有明显提高,推荐低温段材质选择 2205、S31254 等。

由于换热系统升温段布置脱硫系统后,经过前段低低温电除尘器和湿法脱硫的脱除作用,烟气中大部分 SO_2 及 SO_3 都被去除,受热面的 SO_3 低温结露腐蚀减弱。但脱硫后的烟气一般还含有氟化氢和氯化物等强腐蚀性物质,是一种腐蚀强度高、渗透性强、且较难防范的低温高湿稀酸型腐蚀状况,对于防止 Cl^-、F^- 的腐蚀就显得尤为重要。

3. 选择合适的换热管翅片型式

在换热管较常见的翅片型式主要有螺旋翅片和 H 型翅片(见图 10-6)。螺旋翅片与管道之间采用高频一周满焊,接触紧密而无间隙,可带来更高的导热性能,与 H 型翅片相比,在达到相同换热效率时,其换热面积更少,但系统阻力略高。

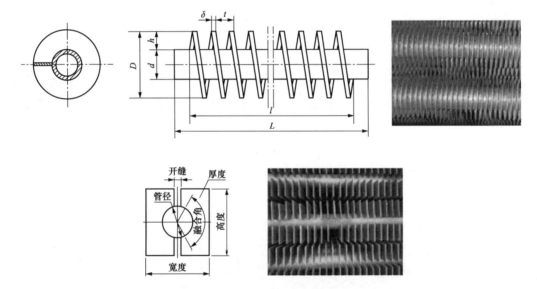

图 10-6 螺旋翅片(上)与 H 型翅片(下)

4. 优化设计

针对不同的工况使用条件选择合适的烟气流速进行设计,并保证烟气进、出口端和受热面烟气流场均匀。换热管可采用较强耐磨特性的厚壁钢管,并考虑在第一排换热管顺烟气方向加装不锈钢耐磨罩瓦,进一步减轻前端换热管排的磨损,提高设备可靠性。所有换热面均按鳍片管组排设计,并与烟气方向并行布置,有效减小烟气紊流,减轻烟气对鳍片管排的磨损。

鉴于烟气余热换热装置进出口汇管上均设置有关断阀门,并配置流量计、压力计和温度计等监控装置,标配节流调节阀,可实现对烟气余热换热装置进水量的在线调节和切换。一旦出现磨损泄漏,安装在换热系统进出口汇管上的流量计将检测出异常偏差值,此时可通过关断阀实施关闸操作，不影响主机的正常运转。

换热系统采用模块化结构，当少量的管束发生磨损泄漏时，可以通过采用模块旁路方式将泄漏模块的热媒水管路旁路，对装置整体运行不会产生影响。在大修停机检查时，如果是少量的管束发生磨损泄漏，可以直接将这些泄漏管束进行堵塞处理。

5. 设置吹灰器

烟冷器防止积灰的主要措施是设置合理的烟道流速，可设置吹灰器作为辅助措施。吹灰器分为蒸气式机械吹灰器、声波吹灰器、激波吹灰器。

蒸汽吹灰是利用水蒸气的自由射流冲击力消除受热面积灰的吹灰方法；声波吹灰器是在空气流动的作用下，产生一定声压和频率的声波，使受热面上的灰尘处于一种松散悬浮状态，在一定流速烟气下带走灰尘的方法；激波吹灰器是通过燃料（通常是乙炔、天然气或丙烷气体燃料）爆燃，生成激波消除受热面积灰的方法。在效果上以蒸汽吹灰器为最佳，在经济性上以激波吹灰器和声波吹灰器为最佳，而在安全性上又以蒸汽吹灰器为最佳。

6. 烟冷器检漏装置

烟冷器检漏装置通常布置于换热器的底板处，检漏电缆一极接探针固定杆，另一极接在底板上。在系统正常运行时，换热装置无漏水，检漏电缆未接触到水，漏水报警装置无信号通过；当换热器出现漏水时，水流经壁板，越过绝缘平板接触到探针，检漏电缆两极同时接触到水，漏水报警装置报警。

三、案例分析

（一）国外情况

低低温除尘技术是日本除尘器提效的主流技术，逐步成为日本新建火电机组的标准配置。同时为控制烟囱出口白烟现象，低低温除尘器技术在日本大多采用低低温降温＋升温系统布置方式。具体配置如下：在锅炉空气预热器后设置低低温降温系统，使进入除尘器的烟气温度降低，改善烟气处理性能。脱硫装置出口设置低低温升温系统，通过热媒水密闭循环流动，利用从降温段换热器获得的热量加热脱硫后净烟气，使其温度从50℃左右升高到80℃以上（见图10-7）。国外低低温降温＋升温系统部分业绩见表10-2。

图 10-7 低低温除尘技术在日本的典型配置

表 10-2 国外低低温降温＋升温系统的部分业绩

电力公司	发电厂	装机容量（MW）	交货年份
东北电力	原町 1 号	1000	1997
中国电力	三隅 1 号	1000	1998
东北电力	原町 2 号	1000	1998
电源开发	橘湾 1 号	1050	2000
电源开发	橘湾 2 号	1050	2000
中部电力	碧南 4 号	1000	2001
中部电力	碧南 5 号	1000	2001
关西电力	舞鹤 1 号	900	2004
关西电力	舞鹤 2 号	900	2010
东京电力	常陆那珂 2 号	1000	2013

（二）国内情况

国内除尘器主流厂家利用除尘器领域的人才及技术储备优势，在 2009 年前后展开低低温电除尘器的技术研究，并不断应用于国内燃煤电厂。低低温除尘技术在国内以采用烟气余热利用系统为主流，部分业绩如表 10-3 所示；浙江和江苏省的部分电厂考虑到消除白烟的影响，采用了低低温降温＋升温系统的配置（如表 10-4 所示）。

表 10-3 国内烟气余热利用系统的部分业绩

项目名称	机组（MW）	投运时间（年）	运行温度（℃）	
			入口温度	出口温度
新昌某电厂 1 号	700	2013	130～142	97
宁德某电厂 3 号	2×600	2012	145	95
景德镇某电厂	660	2014	145	95
焦作某电厂	600	2015	115～120	95
平海某电厂	1000	2014	125	85
沙角 B 某电厂 1、2 号	2×350	2014	127	95
曹妃甸某电厂	300	2013	132	90
渤海热某电厂	300	2014	136	90
上安某电厂 1、2 号	2×350	2014	145	95
上安某电厂 3、4 号	2×300	2014	145	95
上安某电厂 5、6 号	2×600	2013	145	95
定州某电厂 3、4 号	2×600	2014	131	90
长兴某电厂 1、2 号	2×660	2014	130	90

表 10-4　　　　　　　　　　国内低低温降温＋升温系统的部分业绩

项目名称	机组（MW）	投运时间（年）	降温段运行温度（℃）		再热段运行温度（℃）	
			入口温度	出口温度	入口温度	出口温度
嘉华某电厂 7、8 号	2×1000	2013	125	90	48	80
玉环某电厂 3 号	1000	2014	140	90	48	80
金陵某电厂 1 号	1000	2014	125	90	48	80
望亭某电厂 3、4 号	2×660	2015	140	95	50	80
扬州某电厂 6、7 号	2×330	2015	125	90	50	80

（三）具体案例分析

1. A 电厂

A 电厂 1 号机组的烟气余热利用系统于 2009 年 4 月投入运行。烟气换热设备布置在吸收塔入口，其凝结水系统共设有两种连接方式。方式一为凝结水从 2 号低压加热器进口引出，将凝结水温度从 60.6℃提升到 81.6℃，同时烟气温度从 125℃下降到 85℃（如图 10-8 所示）。方式二为凝结水从 2 号低压加热器出口引出，凝结水温度为 84.7℃，加热后返回至 3 号低压加热器。系统的连接方式为两个方案的并联系统，方便切换。A 电厂的烟气余热利用系统除在运行初期发现由焊缝原因造成的部分管道泄漏外，长期运行中未发现严重的腐蚀和积灰，运行效果良好，具有较好的节能收益。

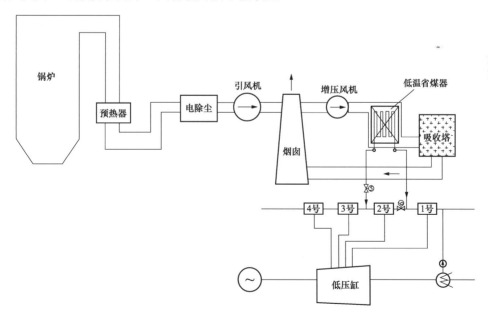

图 10-8　A 电厂 2×1000MW 机组烟气热量回收装置示意图

2. B 电厂

B 电厂 7 号机组脱硫系统原设置了回转式 GGH，进行超低排放改造时，为实现 SO_2 的超低排放，需同步拆除回转式 GGH，同时为消除白烟，采用了低低温降温＋升温系统。

两台机组分别于 2014 年 5 月和 6 月完成改造。低低温降温段布置于除尘器入口水平烟道处，脱硫出口布置低低温升温段，控制除尘器入口烟温低于 90℃，交换热量用于加热凝结水和脱硫出口湿烟气。烟囱入口烟温控制在 80℃ 以上，不进行烟囱防腐改造。系统设计参数和实际运行参数见表 10-5。

表 10-5　　　　7 号机组低低温降温＋升温系统烟温设计参数及实际运行参数

项目	单位	设计值	实际值
低低温降温段入口温度	℃	125	120～125
低低温降温段出口温度	℃	90	90
低低温升温段入口温度	℃	48	48
低低温升温段出口温度	℃	80	75～80

B 电厂 7 号机组低低温降温＋升温系统改造前，脱硫系统均配置了回转式 GGH 系统，100% 负荷工况下 GGH 正常运行时烟囱入口的烟气温度约为 75℃；低低温降温＋升温系统改造后烟囱入口的烟气温度约为 75℃。因此低低温降温＋升温改造后烟囱入口烟气温度较改造前温度基本不变。

3. C 电厂

（1）项目概况。C 电厂 3 号机组原配置 2 台双室四电场静电除尘器，电源采用工频，设计除尘器入口烟尘浓度为 33g/m³，保证除尘器出口烟尘浓度小于或等于 83.3mg/m³。实际运行时除尘器入口烟尘浓度为 30g/m³，出口烟尘浓度为 200mg/m³，无法满足超低排放要求，也达不到原设计性能保证值。

C 电厂对 3 号机组除尘器进行提效改造，主要改造内容包括：①低低温降温段布置于除尘器入口水平烟道处，低低温升温段布置于脱硫出口烟道处，控制除尘器入口烟温低于 95℃，交换热量用于加热凝结水和脱硫出口湿烟气，烟囱入口烟温控制在 80℃ 以上，不进行烟囱防腐改造。②除尘器本体进行扩容改造，新增第五电场，并对一、二电场电源进行高频改造。设计参数见表 10-6。

表 10-6　　　　　　　3 号机组低低温降温段＋升温段设计参数

序号	项目	单位	降温段	升温段
1	烟气参数			
（1）	烟气流量	m³/h（标准状态）	3193000	2451270
（2）	烟气侧压降	Pa	450	800
（3）	烟气侧流速	m/s	10	10.5
2	热媒水参数			
（1）	入口温度	℃	70	104
（2）	水侧阻力	kPa	100	200
3	管束型式	—	H	裸管/H
4	传热管运行最低壁温	℃	72	72
5	换热管及鳍片材质	—	ND	ND/2205/SUS444

续表

序号	项　　目	单位	降温段	升温段
6	换热管支撑结构材料	—	Q235	Q235
7	换热器壳体材质	—	Q235	Q235
8	换热器空壳烟气流速	m/s	6	6.3
9	换热管管间最大烟气流速	m/s	10	10.5
10	烟气侧压力损失	Pa	450	800
11	进口烟气温度	℃	140	50
12	出口烟气温度	℃	95	80
13	烟气侧压力损失（投用一年后）	Pa	500	850
14	进/出水温度	℃	70/105	104/71
15	换热装置进水流量	t/h	850	850
16	水侧压力损失	kPa	100	200
17	烟道进口尺寸（宽×高）	m	4000×4000	6500×8200
18	烟道出口尺寸（宽×高）	m	4000×4000	6500×8200
19	吹灰器			
（1）	数量	台	4×2	12
（2）	介质参数	MPa	0.8	0.8
（3）	吹扫时间	min/次	3	3
20	换热装置外形尺寸（高×宽×长）（不含过渡段）	m	7000×7500×4500	11000×12000×8500
21	换热装置安装长度（含过渡段）	m	7500	14500
22	换热管子外径	mm	38	38
23	换热管子壁厚	mm	5	5
24	鳍片高	mm	45	45
25	鳍片厚	mm	2	2
26	鳍片节距	mm	20	25/20
27	横向排数	—	32	56
28	纵向排数	—	45	100
29	横向节距	mm	95	95
30	纵向节距	mm	105	105
31	有效长度	mm	7500	5500×2
32	管束组数	—	4×10	36
33	管束高度	mm	1000	2100
34	管束宽度	mm	1900	2000
35	管束长度	mm	7500	5500×2
36	使用寿命	年	15	15

（2）改造效果。C电厂3号机组低低温降温＋升温系统改造前，100%负荷工况下GGH正常运行时烟囱入口的烟气温度约为75~85℃，低低温降温＋升温系统改造后烟囱入口的烟气温度约为80~90℃，因此低低温降温＋升温改造后烟囱入口烟气温度较改造前温度不降低（见表10-7）。

表10-7　　　　3号机组低低温降温＋升温系统烟温设计参数及实际运行参数

项　目	单位	设计值	实际值
低低温降温段入口温度	℃	140	140
低低温降温段出口温度	℃	95	100~105
低低温升温段入口温度	℃	50	50
低低温升温段出口温度	℃	80	80~90

根据C电厂3号机组改造后的性能试验报告可知，除尘器出口烟尘浓度为19mg/m³，除尘效率有了明显的提高。改造前后，除尘器进出口烟尘浓度对比如表10-8所示。

表10-8　　　　　　3号机组除尘器改造前后除尘器出口烟尘浓度对比

项　目	单位	改造前	改造后
除尘器入口烟温	℃	141	101
除尘器入口烟尘浓度	mg/m³	31810	21046
除尘器出口烟尘浓度	mg/m³	201	19
除尘效率	%	99.37	99.95

4. D电厂

（1）项目概况。D电厂8号机组原配置2台双室"4＋1"旋转电极静电除尘器，前四电场采用常规静电除尘器配置，末电场采用移动极板。设计除尘器入口烟尘浓度为47g/m³，保证除尘器出口烟尘浓度小于或等于30mg/m³。摸底试验期间，除尘器入口烟尘浓度为26.8g/m³的条件下，实测除尘器出口烟尘浓度为18mg/m³。

D电厂对8号机组除尘器进行低低温改造，主要改造内容包括：①低低温降温段布置于除尘器入口水平烟道处，脱硫出口布置低低温升温段，控制除尘器入口烟温为90℃左右，交换热量用于加热凝结水和脱硫出口湿烟气，烟囱入口烟温控制在80℃以上，不进行烟囱防腐改造。②鉴于除尘器一、二电场已采用高效电源，且原除尘器出口排放能够控制在设计值以下，不对除尘器本体进行改造。设计参数见表10-9和表10-10。

表10-9　　　　　　　　　低低温降温段设计参数

序号	项　目	单位	数据	备注
	低低温降温段数量	台/单台炉	6	单台炉
一	设计参数			
1	烟气流量	m³/h（标准状态）	3484109	单台炉
2	烟气平均流速	m/s	≤10	最大
3	进口烟气温度	℃	125.6	

序号	项　目	单位	数据	备注
4	出口烟气温度	℃	90	
5	换热量热量	kcal/h	40057000	单台炉
6	换热面积	m²	63000	按单台炉
7	水侧设计压力	MPa	1.5	
8	降温段进口凝结水温	℃	70	
9	降温段出口凝结水温	℃	105	
10	管束最低壁温	℃	70	
11	进入省煤器凝结水量	t/h	1120	单台炉
12	凝结水管内平均流速	m/s	1.5	
13	烟气侧阻力	Pa	600	
14	水侧阻力	MPa	0.3	设计分界内
二	结构、参数			
1	降温段换热管箱数（单台炉）	组	24	
2	单台炉换热管质量	t	760	
3	吹灰介质		蒸汽	
4	吹灰喷数量（单台炉）		36	
5	吹灰耗汽量	t/h	6	瞬时最大量
6	换热管材质		C.S.	
7	换热管直径	mm	$\phi 38$	
8	换热管厚度	mm	3	
9	翅片形式		螺旋翅片	
10	烟气流通面积	m²	25	1 台 G/C
11	凝结水循环泵流量	m³/h	1120	最大负荷

表 10-10　　　　　低低温升温段设计参数（单台机组）

序号	项　目	单位	数据	备注
	低低温升温段	台	1	
一	设计参数			
1	烟气流量	m³/h（标准状态）	3660000	
2	烟气平均流速	m/s	10	最大
3	进口烟气温度	℃	48	
4	出口烟气温度	℃	≥80	
5	换热量	kcal/h	39960000	单台炉

序号	项　　目	单位	数据	备注
6	换热面积	m²	44000	
7	水侧设计压力	MPa	1.5	
8	升温段进口凝结水温	℃	105	
9	升温段出口凝结水温	℃	70	
10	管束最低壁温	℃	70	
11	进入升温段凝结水量	t/h	1120	单台炉
12	凝结水管内平均流速	m/s	1.7	
13	烟气侧阻力	Pa	600	
14	水侧阻力	MPa	0.3	
二	结构、参数			
1	升温段换热管箱数（单台炉）	组	24	
2	单台炉换热管质量	t	590	
3	吹灰介质		蒸汽	
4	吹灰喷数量（单台炉）		16	
5	吹灰耗汽量	t/h	6	瞬时最大量
6	换热管材质		ND 钢	
7	换热管直径	mm	ϕ38	
8	换热管厚度	mm	3	
9	翅片形式		裸管/螺旋翅片	
10	烟气流通面积	m²	120	

（2）改造效果。D 电厂 8 号机组低低温降温＋升温系统改造前，100%负荷工况下 GGH 正常运行时烟囱入口的烟气温度约为 75～85℃。低低温降温＋升温系统改造后，烟囱入口的烟气温度仍然可以达到 80～90℃，无需进行烟囱防腐，但有效解决了 GGH 漏风率过高的问题（见表 10-11）。

表 10-11　　　8 号机组低低温降温＋升温系统烟温设计参数及实际运行参数

项　　目	单位	设计值	实际值
低低温降温段入口温度	℃	125.6	115
低低温降温段出口温度	℃	90	90
低低温升温段入口温度	℃	50	50
低低温升温段出口温度	℃	80	80-90

根据对 D 电厂 8 号机组改造后的性能考核试验报告，除尘器出口烟尘浓度为 13mg/m³。改造前后，除尘器出口烟尘排放浓度对比如表 10-12 所示。

表 10-12　　　　　　8 号机组除尘器改造前后除尘器出口烟尘浓度对比

项　目	单位	改造前	改造后
除尘器入口烟温	℃	114	90
除尘器入口烟尘浓度	mg/m³	26833	34351
除尘器出口烟尘浓度	mg/m³	18	13
除尘效率	%	99.932	99.962

5. E 电厂

（1）项目概况。E 电厂 2 号机组原配置 2 台双室五电场静电除尘器，设计除尘器入口烟尘浓度为 33.3g/m³ 的条件下，除尘器出口烟尘浓度小于或等于 40mg/m³。摸底试验期间，除尘器入口烟尘浓度为 28g/m³ 的条件下，实测除尘器出口烟尘浓度为 154mg/m³。

E 电厂对 2 号机组除尘器进行低低温改造，主要改造内容包括：①低低温降温段布置于除尘器入口水平烟道处，控制除尘器入口烟温低于 95℃，交换热量用于加热热媒水，热媒水于 7 号低压加热器入口和出口主凝结水管取水，加热后回到 5 号低压加热器入口，实现能量的节约利用。②同时对除尘器一、二电场电源进行高频电源改造。设计参数见表 10-13。

表 10-13　　　　　　2 号机组低低温省煤器设计参数

编号	项　目	单位	参数	备注
1	单台机组低低温省煤器组数	组	4	
2	设计压力	MPa	1.6	
3	每个烟道换热器数量	套	4	
4	烟气流量（实际状态，140℃）	m³/h	482069	单侧烟道
5	进口烟气温度	℃	140	
6	烟气温度要求	℃	90	
7	水量	t/h	137	
8	进出口水温	℃	70	
9	出口水温	℃	106.2	
10	总换热面积	m²	5495	
11	换热器尺寸	m	7×3.5×5（长×宽×深）	
12	换热管型式		管式	
13	换热管材质		高温 20G 低温 ND 钢	
14	翅片材质		高温 20G 低温 ND 钢	
15	防磨管		前 2 排换热管壁厚 5mm+3mm 防磨罩	
16	换热器壳体材质		Q235	
17	换热管规格（管径/壁厚）		38×3	
18	鳍片高度/翅片厚度	mm	28/3	

续表

编号	项 目	单位	参数	备注
19	换热管排列形式		错列	
20	换热管水平列数	n	100	
21	换热管垂直排数	n	53	
22	本体烟道壁厚	mm	6	
23	换热器断面平均流速	m/s	9.0	
24	本体阻力	Pa	540	
25	换热器凝结水并联管组数		4	
26	传热管腐蚀率 （按含硫量 0.9%考虑）	mm/年	<0.2	
27	传热管运行最低壁温	℃	74	
28	换热管质量	t	80	
29	换热管质量（充满水）	t	112	
30	单侧烟道换热器设备总质量（包括全部 换热面、壳体、水重、平台楼梯、 吹灰器、保温、管道支吊架等）	t	140	
31	换热量	kW	5791	

（2）改造效果。E 电厂 2 号机组低低温降温改造前，除尘器入口烟气温度为 140℃；该次改造在除尘器入口增加烟气降温装置，烟气温度降低到 90℃，回收了能量，经计算节约煤耗约 1.33g/kWh（见表 10-14）。

表 10-14　　　　　2 号机组低低温降温设计参数及实际运行参数

项 目	单位	设计值	实际值
低低温降温段入口温度	℃	140	139
低低温降温段出口温度	℃	95	101

根据对 E 电厂 2 号机组改造后的性能考核试验，除尘器出口烟尘浓度为 24mg/m^3，有了明显降低，除尘效率有了明显提高。改造前后，除尘器出口烟尘排放浓度对比如表 10-15 所示。

表 10-15　　　　　2 号机组除尘器改造前后除尘器出口烟尘浓度对比

项 目	单位	改造前	改造后
除尘器入口烟温	℃	140	101
除尘器入口烟尘浓度	mg/m^3	27600	35969
除尘器出口烟尘浓度	mg/m^3	154	24
除尘效率	%	99.44	99.93

四、小结

（1）当排烟温度高于 130℃、硫分低于 2.0%时，可考虑采用低低温除尘技术。低低温除尘器可将烟气温度控制在 90℃左右，低于烟气酸露点温度。

（2）降低烟气粉尘比电阻，使击穿电压上升，同时减少烟气处理量，从而提高除尘效率。同时 SO_3 冷凝黏附在粉尘上可以被碱性物质吸收、中和进而脱除。

（3）低低温除尘器可以提高除尘器出口粉尘平均粒径，采用低低温除尘器可以提升吸收塔对于粉尘的捕集能力。

（4）低低温换热器在运行过程中会出现磨损泄漏现象，主要原因是飞灰磨损属性、流场设计、流速选取、材质的选择等不合理。建议采用低低温除尘器时，需对飞灰组分进行分析，并优化流场和流速，设置合适的防磨措施，并注意低温段材质的选择，材质宜分段设计。

（5）低低温除尘技术是节约能耗和提高除尘器效率的一种有效方案，但实际应用中需对原有除尘器现状进行评估，如原除尘器设备出力能力较差，可根据实际情况同步对除尘器本体进行提效，提效方式可采用除尘器扩容或电源升级改造等。

11

湿式电除尘器技术

一、背景

湿式电除尘器在美国、日本、欧洲等发达国家和地区已经有近 30 年的历史，技术已经非常成熟。早期的湿式电除尘器主要应用于硫酸和冶金工业生产中，1986 年后，国外燃煤电厂也开始采用湿式电除尘器，用于除去烟气中的粉尘等污染物，取得了良好的效果。

目前国外约有 50 余套不同类型的湿式电除尘器应用于美国、欧洲及日本的电厂。美国 Bruce Mansfield 电厂、AES Deepwater 电厂、日本碧南电厂等多家电厂测试报告表明，湿式电除尘器对 PM2.5 的去除效率可高于 90%，粉尘排放浓度可低于 5mg/m³，酸雾的去除率可超过 90%，可将烟气浊度降低到 10% 以下。湿式电除尘器在日本是作为粉尘的精处理设施应用，在除尘的同时可有效脱除 PM2.5 和气溶胶（含 SO_3、HCl、HF、Hg 等重金属），从而可以降低烟囱防腐的等级。

二、技术分析

（一）技术原理

湿式电除尘器是静电除尘器的一种，其除尘机理与静电除尘器类似，主要由如下流程组成（如图 11-1 所示）。

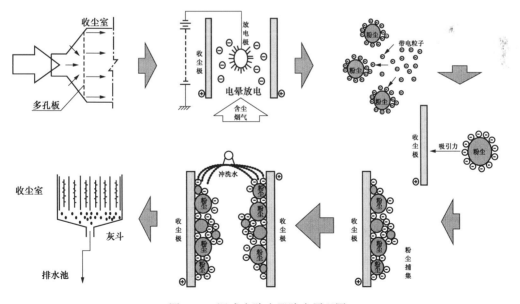

图 11-1　湿式电除尘器除尘原理图

（1）电晕放电。在高压直流电源作用下，放电阴极与收集阳极之间形成非均匀高压静电场，电晕线周围产生电晕层，电晕层中的微粒发生雪崩式电离产生大量负离子和少量阳离子。

（2）水雾与粉尘凝聚荷电。水滴、酸雾、硫酸盐、微尘等微粒被荷电，荷电粒子因静电凝聚电量增加。

（3）荷电体捕集。在电场力的作用下迅速抵达收集阳极并释放电荷。

（4）水膜自冲洗。阳极表面沉积物被脱除液体持续冲洗，收集液在重力作用下完成收集。

湿式电除尘器布置在脱硫吸收塔和烟囱之间，直接将水雾喷向电极和电晕区。水雾在芒刺电极形成的强大的电晕场内荷电后分裂进一步雾化，从而使粉尘粒子在电场力的驱动下到达集尘极而被捕集。湿式电除尘器清灰是将水喷至集尘极上形成连续的水膜，采用水清灰，无振打装置，流动水膜将捕获的粉尘冲刷到灰斗中随水排出（见图 11-2）。

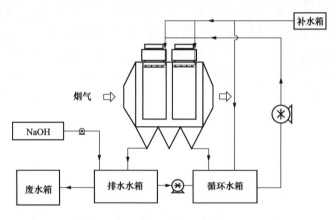

图 11-2　湿式电除尘器流程图

（二）技术特点

湿式电除尘器的除尘效率不受粉尘比电阻影响，利用喷水对集尘极清洗可使放电极和集尘极始终保持清洁。电极上无粉尘堆积现象，可有效消除二次扬尘与反电晕现象，且能够高效地除去烟气中的粉尘、石膏雾滴、部分 SO_3 微液滴、PM2.5 等。

湿式电除尘器布置在脱硫系统后，占地面积较大，同时对烟道的改造工作量也较大。且湿式电除尘器的阳极板、放电线、喷嘴等采用耐蚀不锈钢材料，除尘器内部需做防腐处理。

湿式电除尘器的冲洗水一般由两部分组成，一部分是从工业水补充而来，另一部分为从集板上回流的循环水。冲洗水需设置一套水处理装置，经沉淀、加碱、过滤之后循环使用，但仍有一定的外排水。外排水的处理方式目前还未有统一规定，一般直接排入吸收塔。

由于湿式电除尘器处理的是湿烟气，所以其放电极和收尘极需采用特殊材料，并对喷淋系统的喷嘴排列形式和集尘极板型式进行优化，来保证对极线和极板最佳的清洗效果。

（三）布置方式

目前湿式电除尘器在结构上有两种基本型式，即立式管式和卧式板式。管式电除尘器的收尘极为多根并列的圆或多边形金属管，放电极均布于各极板之间，管式湿式电除尘器用于处理垂直流动的烟气。板式湿式电除尘器的收尘极呈平板状，极板间均匀布置电晕线，可用于处理水平或垂直流动的烟气。其布置型式主要包括垂直独立布置、垂直组合布置和水平独立布置三种型式（如图 11-3～图 11-5 所示）。

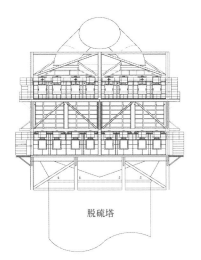

图 11-3　垂直组合布置

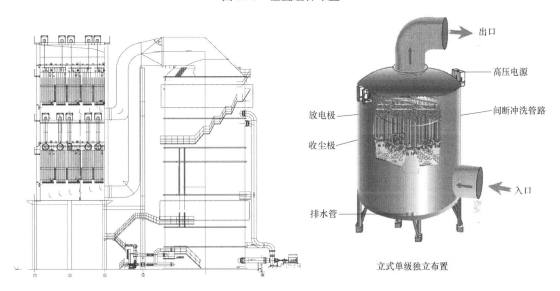

立式单级独立布置

图 11-4　垂直独立布置方式

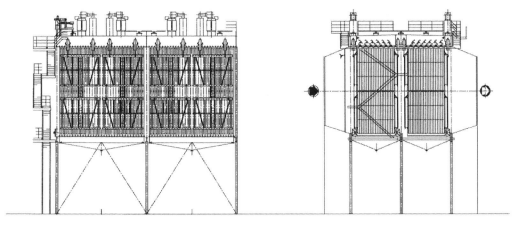

图 11-5　水平独立布置

当前湿式电除尘器的型式主要有三种，即板式金属极板、蜂窝式导电玻璃钢极板和蜂窝式金属极板，代表厂家包括华电科工、菲达环保、龙净环保、宜兴化工、西安热工研究院、山东国舜、北京华通等。其中板式或蜂窝式金属极板技术需连续冲水清洗极板，水耗相应较大，北方电厂应用应考虑水耗问题；蜂窝式导电玻璃钢极板则无需连续冲水，水耗相应较小。

（四）材质分析

根据实际应用工程，湿式电除尘器阳极系统可采用金属刚性材质，也可采用导电玻璃钢材质。

1. 金属刚性阳极

金属刚性阳极（见图 11-6）常采用 2205 或 316L 钢，2205 为双相不锈钢，316L 为奥氏体不锈钢，2205 和 316L 的主要化学成分如表 11-1 所示，性能对比如表 11-2 所示。通过比较可以看出，2205 双相不锈钢管在氯化物环境中具有较高的应力腐蚀断裂抵抗力，优于 316L。

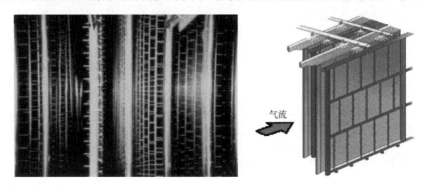

图 11-6　金属刚性材质阳极

表 11-1　　　　　　　　　　　　2205 和 316L 化学组分比较

元素	2205	316L	元素	2205	316L
C	≤0.030	≤0.03	Cr	21.0～23.0	16.0～18.0
Mn	≤2.0	≤2.00	Ni	4.5～6.5	10.0～14.0
P	≤0.030	≤0.035	Mo	2.5～3.5	2.0～3.0
S	≤0.020	≤0.03	N	0.08～0.20	—
Si	≤1.0	≤1.0	Fe	余量	余量

表 11-2　　　　　　　　　　　　2205 和 316L 性能比较

项目	类别	2205	316L	备注
抗腐蚀性	抗氯化物应力腐蚀性	＞1000	152	氯化物 100℃产生腐蚀破裂时间（h）
	耐孔蚀系数 PREN	35.4	25.9	PREN 系数越大，耐孔蚀越强
	耐晶间腐蚀性	优良	一般	
	耐均匀腐蚀性 [g/（m²·h）]	0.021	12.1	20%H_2SO_4、60℃、100h
	耐疲劳腐蚀性	优良	较好	

续表

项目	类别	2205	316L	备注
力学性能	抗拉强度 R_m（MPa）	≥620	≥485	1020～1100℃水淬
	屈服强度 $R_p0.2$（MPa）	≥450	≥170	1020～1100℃水淬
	伸长率 A_{50}（%）	≥25	≥40	1020～1100℃水淬
	硬度（布氏/洛氏）	≤290/30.5	≤187/90	1020～1100℃水淬
物理性能	导热系数 [w/（m·℃）]	19	15	20～100℃
	线膨胀系数（10^{-5}/℃）	13.7	16	20～100℃
焊接性能		线热倾向系数小，焊前不需要预热，焊后不需热处理	焊接易产生高温裂纹	

2. 导电玻璃钢材质

导电玻璃钢阳极管材料组成包括：①溴化反应型乙烯基阻燃树脂，主要作用为结合和黏结。②导电碳纤维毡、导电碳粉填料，主要作用为导电和电荷分布。③玻璃纤维，主要作用为增加结构强度。④玻璃纤维方格布，主要作用为增加纵向和横向抗拉强度。⑤化纤涤纶网格布，主要作用为增加环向抗冲击、抗拉和弹性强度。

导电玻璃钢阳极的主要材质为导电玻璃钢，阳极采用内切圆直径为 300～360mm 的六方管组，阳极极管壁厚宜不小于 6mm，长度宜为 4.5～6.0m，阳极管内壁的碳纤维毡不小于 0.3mm，见图 11-7。导电玻璃钢阳极性能要求如表 11-3 所示。

表 11-3 导电玻璃钢阳极性能要求

序号	项目	单位	数值	执行标准
1	巴氏硬度		36	GB/T 3854—2005
2	热变型温度	℃	120	GB/T 1634.2—2004
3	抗拉强度	MPa	90	GB/T 1447—2005
4	表面电阻率	Ω	$5×10^2$	GB/T 1410—2006
5	体积电阻率	Ω	$5×10^5$	GB/T 1410—2006
6	弯曲强度	MPa	120	GB/T 1449—2005
7	弯曲模量	MPa	$3.73×10^3$	GB/T 1449—2005
8	氧指数	%	≥33	GB/T 8924—2005
9	密度	g/cm³	1.83	
10	任意两点间表面电阻	Ω	≤50	GB/T 1410—2006

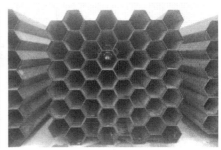

图 11-7 导电玻璃钢材质阳极

（五）冲洗清灰系统

1. 金属阳极板

金属刚性材质阳极板的冲洗清灰系统如图11-8所示，其采用连续喷淋冲洗方式，大部分水经 NaOH 水溶液中和后循环使用，确保所有内部件所接触到溶液的 pH 值始终保持偏碱性，少部分水外排。外排水可直接进入脱硫系统作为脱硫补充水，也可进入废水处理系统进行处理后回用。另外，由于循环水流量不随机组负荷变化而变化，用水量基本保持不变。

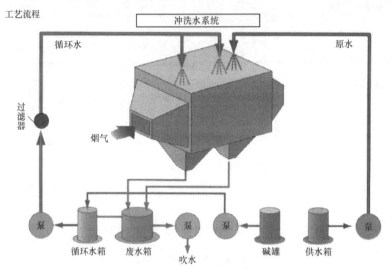

图11-8　金属阳极冲洗清灰系统流程图

由于金属阳极刚性强度稳定，有水膜覆盖冲洗系统，所以在电场稳定性、清灰性能上具有一定的优势，喷水清灰同时具有脱除 SO_3、SO_2、汞等污染物的能力。在防腐性能上，刚性极板在有中性水膜覆盖的条件下防腐性能较好，但不恰当的冲洗系统也会导致极板腐蚀故障（如图11-9所示）。因此金属阳极对内部冲洗水系统布置的要求较高，必须保证均匀的水膜。

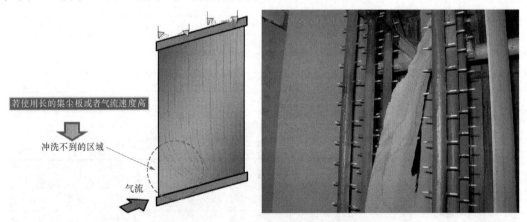

图11-9　金属阳极冲洗清灰系统流程图

2. 导电玻璃钢阳极

阳极也可采用碳纤维玻璃钢，基质为乙烯基树脂，内衬碳纤维增强其强度，减轻自重并作为导电层。采用该方式时需在湿式电除尘器顶部设置顶部冲洗系统,采用水柱流喷头,作为湿式电除尘启停和烟气工况恶化(例如脱硫机械除雾器失效)造成阴极肥大时的专用故障状态冲洗方式,每次每区冲洗 1min 即可(见图 11-10)。

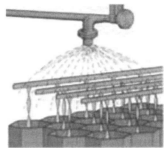

图 11-10 导电玻璃钢阳极冲洗清灰系统流程图

导电玻璃钢阳极湿式电除尘器没有循环水系统和加药中和环节,年运行费用稍低,且内部喷淋系统简单,冲洗水流量较小(300MW 机组设计值为 3t/h,实际正常运行时约为 1～2t/h),流入脱硫系统后对脱硫系统无影响。

三、案例分析

(一)塔顶导电玻璃钢湿式电除尘器

A 电厂 3 号机组为 300MW 燃煤机组,3 号机组湿式电除尘器于 2016 年 12 月通过了 168h 试运行。湿式电除尘器布置在脱硫塔顶部,设计处理烟气量为 1650000m³/h(实际状态),设计入口烟尘浓度小于或等于 25mg/m³(标准状态、干基、6%O_2)的条件下,出口烟尘浓度小于或等于 5mg/m³(标准状态、干基、6%O_2),湿式电除尘器除尘效率大于 80%。湿式电除尘器的结构见图 11-11,技术参数见表 11-4。

表 11-4　　　　　　　　　　湿式电除尘器技术参数

序号	项目名称	单位	数值	备注
1	进口粉尘浓度	mg/m³	≤25	标准状态、干基、6%O_2
2	湿式电除尘器进口烟气量	m³/h	1650000	工况 50℃
3	湿式电除尘器进口烟气流速	m/s	<4	与吸收塔接口截面
4	湿式电除尘器进口烟气温度	℃	50	
5	湿式电除尘器进口雾滴浓度	mg/m³	≤80	标准状态、干基、6%O_2
6	湿式电除尘器出口粉尘排放浓度	mg/m³	≤5	标准状态、干基、6%O_2
7	湿式电除尘器出口雾滴浓度	mg/m³	≤16	标准状态、干基、6%O_2
8	湿式电除尘器出口烟气温度	℃	50	
9	湿式电除尘器内烟气流速	m/s	<2.5	
10	湿式电除尘效率	%	80	
11	本体阻力	Pa	≤300Pa	
12	布置型式		布置于脱硫塔顶	

续表

序号	项目名称	单位	数值	备注
13	湿式电除尘器接口截面	m	18400×17500	
14	电场有效截面	m²	>183.38	
15	比集尘面积	m²/m³/s	≥23.78	
16	总集尘面积	m²	10903	
17	阳极型式		管式蜂窝型	
18	蜂窝管内切圆直径	mm	350	
19	蜂窝管数量	根	1730	
20	阳极材质		导电玻璃钢	导电玻璃钢厚度≥6mm
21	阴极线型式		管刺线	
22	阴极线材质		SS2205	
23	阳极喷淋方式		顶部喷淋	间隔冲洗
24	冲洗水流量	t/h	<2	
25	户外型高压直流电源	套	4套，三相工频恒流源，1.8A/72kV	

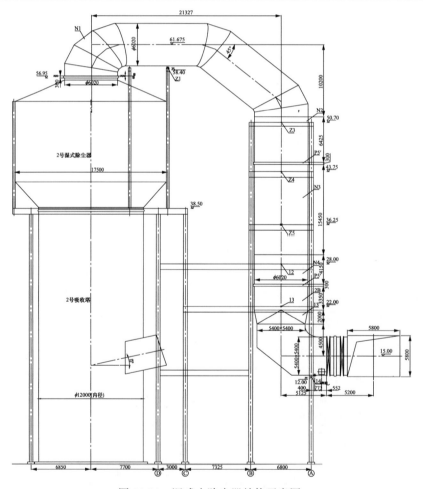

图 11-11　湿式电除尘器结构示意图

A 电厂 3 号机组湿式电除尘器实际运行效果如表 11-5 所示。

表 11-5 除尘效率数据汇总表

项　目	单位	工况 1 2017 年 3 月 15 日	工况 2 2017 年 3 月 16 日	平均值	设计值
入口平均烟尘浓度	mg/m³	16.7	17.3	17.0	25
出口平均烟尘浓度	mg/m³	2.6	2.8	2.7	5
除尘效率	%	84.59	83.15	84.85	80

注：烟尘浓度的状态为标准状态、干基、6%O₂。

湿式电除尘器入口平均烟尘浓度为 17.0mg/m³（标准状态、干基、6%O₂），出口平均烟尘浓度为 2.7mg/m³（标准状态、干基、6%O₂），平均除尘效率为 84.85%。湿式电除尘器系统（含出口烟道及弯头）平均阻力为 284Pa。

（二）分体式导电玻璃钢湿式电除尘器

B 电厂 2 号机组为 600MW 燃煤发电机组，由于环保标准日益严格，为满足烟尘超低排放的要求进行除尘改造，2 号机组湿式电除尘器于 2016 年 8 月通过了 168h 试运行。湿式电除尘器在入口烟气量不大于 2672275 m³/h（实际状态）、入口烟尘浓度不大于 40mg/m³（标准状态、干基、6%O₂）时，保证出口烟尘排放浓度不大于 5mg/m³（标准状态、干基、6%O₂），除尘效率不小于 87.5%。湿式电除尘器现场布置图见图 11-12，设计参数见表 11-6。

图 11-12　湿式电除尘器现场布置图

表 11-6 湿式电除尘器设计参数

序号	项目名称	单位	数值	备注
1	一台炉配湿式电除尘器台数	台	1	
2	入口粉尘浓度	mg/m³	40	标准状态、干基、6%O₂
3	出口粉尘浓度	mg/m³	≤5	标准状态、干基、6%O₂
4	湿式电除尘器效率	%	≥87.5	
5	流通面积	m²	297	
6	除尘器设计烟气量	m³/h	2672275	
7	烟气温度	℃	50	
8	电场内烟气流速	m/s	<2.5	
9	湿式电除尘器本体尺寸（长×宽×高）	m	31.3×16×32.9	
10	阳极系统内切圆直径	mm	350	

序号	项目名称	单位	数值	备注
11	阳极管有效高度	m	6.5	
12	阳极管数量	个	2720	
13	阳极材质		导电玻璃钢	导电玻璃钢厚度≥6mm
14	除尘器区域	个	8	
15	总集尘面积	m²	21428	
16	比集尘面积	m²/m³/s	28.85	
17	阻力损失（本体）	Pa	≤350Pa	
18	布置型式		单独布置于地面	
19	烟气流向		下进上出	
20	蜂窝管型式		蜂窝管式	
21	户外型高压直流电源	套	8套，恒流源，1.8A/72kV	
22	喷淋冲洗系统	套	1	
23	喷淋水压	MPa	0.35	
24	水耗量	t/h	<4	
25	喷淋水冲洗周期		间断分区冲洗，每天一次	

实际运行参数（见表 11-7）显示，湿式电除尘器入口平均烟尘浓度为 24.9mg/m³（标准状态、干基、6%O_2），出口平均烟尘浓度为 2.6 mg/m³（标准状态、干基、6%O_2），除尘效率为 89.55%。

表 11-7　　　　　　　　　　　湿式电除尘器实际运行参数统计

项　　目		单位	2016 年 12 月 9 日	2016 年 12 月 10 日
烟尘浓度	入口	mg/m³	23.2	24.6
	出口	mg/m³	2.8	2.4
除尘效率		%	88.99	90.11
入口平均烟尘浓度		mg/m³	24.9	
出口平均烟尘浓度		mg/m³	2.6	
平均除尘效率		%	89.55	

（三）分体式金属极板湿式电除尘器

C 电厂 2 号机组为 600MW 燃煤发电机组，由于环保标准日益严格，为满足烟尘超低排放的要求进行除尘改造，2 号机组湿式电除尘器于 2015 年 1 月通过了 168h 试运行。湿式电除尘器在入口烟气量不大于 2482972m³/h（标准状态、湿基、实 O_2）、入口烟尘浓度不大于 25mg/m³（标准状态、干基、6%O_2）时，保证出口烟尘排放浓度不大于 5mg/m³（标准状态、干基、6%O_2），除尘效率不小于 80 ％。湿式电除尘器现场布置见图 11-13，设计参数见表 11-8。

图 11-13 湿式电除尘器现场布置图

表 11-8 湿式电除尘器设计参数

序号	项目名称	单位	数值	备注
1	入口处理烟气量	m³/h	2482972	标准状态、湿基、实际 O_2
2	入口烟气温度	℃	50	
3	入口烟气压力	kPa	$-2\sim+5$	
4	O_2 浓度	%	6	
5	入口粉尘浓度	mg/m³	25	标准状态、干基、6%O_2
6	出口粉尘浓度	mg/m³	<5	标准状态、干基、6%O_2
7	电场数		2	
8	阳极型式及材质		818 板/SUS316L 不锈钢	
9	板宽	m	0.818	
10	板长	m	9	
11	板厚	mm	1.2	
12	阴极型式及材质		锯齿线/SUS316L 不锈钢	
13	沿气流方向阴极线间距	mm	204	
14	通道	个	116	
15	极间间距	mm	300	
16	截面积/台除尘器	m²	313	
17	比集尘面积	m²/m³/s	20.93	
18	烟气速度	m/s	2.61	
19	壳体设计压力	kPa	$-2\sim+5$	
20	工作水耗	m³/h	15.97	

续表

序号	项目名称	单位	数值	备注
21	阴极清灰方式		间歇喷淋	
22	阳极清灰方式		间歇喷淋	
23	整流变压器数量	台	8	
24	NaOH（32%）耗量	t/h	0.086	
25	工业补充水量	t/h	15.97	
26	外排废水量	t/h	15.97	

实际运行参数（见表 11-9）显示，湿式电除尘器入口平均烟尘浓度为 23.2mg/m^3（标准状态、干基、6%O_2），出口平均烟尘浓度为 3.5mg/m^3（标准状态、干基、6%O_2），除尘效率为 84.91%。

表 11-9 湿式电除尘器实际运行参数统计

项 目		单位	2016 年 12 月 9 日	2016 年 12 月 10 日
烟尘浓度	入口	mg/m^3	22.8	23.6
	出口	mg/m^3	3.4	3.6
除尘效率		%	85.09	84.75
入口平均烟尘浓度		mg/m^3	23.2	
出口平均烟尘浓度		mg/m^3	3.5	
平均除尘效率		%	84.91	

（四）湿式电除尘器水耗量

根据对已投运湿式电除尘器的 10 台机组统计结果表明，湿式电除尘器的实际运行水耗为 0～20t/h，其中 B、C、D、E、F、J 机组采用导电玻璃钢材质，间隔冲洗，每天冲洗一次，水耗量平均为 1t/h；而 A、H、I、K 机组采用金属阳极板，也采用间隔式冲洗，每 6～8h 冲洗一次，水耗量平均为 8～20t/h，见图 11-14。运行过程中金属极板湿式电除尘器需形成稳定水膜，其废水量随机组负荷变化很小。因此采用不同材质和不同布置形式，其水耗量差别较大。

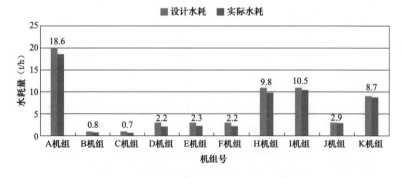

图 11-14 湿式电除尘器实际运行水耗统计

（五）湿式电除尘器脱除 SO₃ 效果

湿式电除尘器主要通过电晕放电，粉尘、SO₃ 等组成气溶胶荷电后被阳极板收集，通过冲洗极板进行清除。由于进入湿式电除尘器的烟气温度降低至饱和温度以下，所以 SO₃ 等污染物主要以气溶胶形式存在。而湿式电除尘器收尘性能与粉尘特性无关，因此可以实现对 SO₃ 较高的脱除效率。湿式电除尘器对 SO₃ 的脱除效率基本能够达到 70% 以上，出口 SO₃ 的浓度最高为 8.7mg/m³，最低为 1.0mg/m³。具体如表 11-10 所示。

表 11-10　　　　　　　　　　　湿式电除尘器 SO₃ 脱除效率

序号	电厂	机组号	机组容量	入炉煤硫分	湿式电除尘器入口 SO₃ 浓度	湿式电除尘器出口 SO₃ 浓度	湿式电除尘器 SO₃ 脱除效率
			MW	%	mg/m³	mg/m³	%
1	A 公司	3	330	1.49	18.7	7.8	58.3
2	B 公司	1	330	1.3	26.57	8.66	67.41
3	C 公司	2	330	1.34	28.29	7.49	74.85
4	C 公司	9	350	1.04	24.7	7.29	70.5
5	D 公司	10	350	1.82	28.68	8.33	71
6	E 电厂	3	660	0.7	5.45	1.03	81
7	F 电厂	4	660	0.65	5.82	1.07	81.6
8	G 公司	5	330	0.91	30.84	5.94	80.74
9	H 公司	2	660	2.7	34.65	8.22	76.28
10	I 电厂	5	150	0.9	7.37	3.62	50.82
11	G 公司	2	150	1.23	11.49	4.22	63.2
最大值							81.60
最小值							50.82
平均值							70.52

（六）湿式电除尘器脱除 PM2.5 效果

湿式电除尘器可协同脱除 PM2.5，脱除效率能够达到 90% 以上，具体如表 11-11 所示。

表 11-11　　　　　　　　　　　湿式电除尘器 PM2.5 脱除效率

序号	电厂	机组号	机组容量	湿式电除尘器入口 PM2.5 浓度	湿式电除尘器出口 PM2.5 浓度	湿式电除尘器 PM2.5 脱除效率
			MW	mg/m³	mg/m³	%
1	A 公司	2	300	9.52	1.05	88.96
2	B 公司	1	220	9.31	0.98	89.47
3	C 公司	3	670	26.66	4.97	81.40
4	C 公司	62	660	22.31	1.95	91.27
5	D 公司	3	660	13.6	1.96	85.60

序号	电厂	机组号	机组容量	湿式电除尘器入口PM2.5浓度	湿式电除尘器出口PM2.5浓度	湿式电除尘器PM2.5脱除效率
			MW	mg/m³	mg/m³	%
6	E 电厂	4	660	15.7	2.51	84.00
7	F 电厂	2	600	13.85	1.64	88.16
8	G 公司	2	330	16.85	4.64	72.46
9	H 公司	1	300	10.48	1.16	88.91
10	I 电厂	1	330	17.89	3.75	79.10
11	J 公司	1	330	24.54	2.18	91.10
12	K 公司	4	330	9.27	1.55	83.30
13	L 公司	3	335	15.89	4.48	71.79
14	L 公司	4	335	18.65	3.74	79.96
15	L 公司	1	150	34.5	2.89	91.60
16	L 公司	2	150	33.24	2.79	91.60
17	M 公司	33	330	23.34	2.52	89.22
18	M 公司	34	330	19.94	2.17	89.12
19	N 电厂	3	220	5.82	1.67	71.31
20	O 公司	6	330	3.6	1.5	58.30
21	O 公司	7	330	32.89	2.28	93.10
最大值						93.10
最小值						58.30
平均值						83.09

（七）湿式电除尘器雾滴脱除效果

湿式电除尘器可有效降低烟囱入口雾滴含量，对雾滴的脱除效率能够达到 80% 以上，具体如表 11-12 所示。

表 11-12 　　　　　　　　　　湿式电除尘器雾滴脱除效率

序号	电厂	机组号	机组容量	湿式电除尘器入口雾滴浓度	湿式电除尘器出口雾滴浓度	湿式电除尘器雾滴脱除效率
			MW	mg/m³	mg/m³	%
1	A 公司	2	300	28.4	8.12	71.40
2	B 公司	1	220	76.8	34.1	55.64
3	C 公司	3	670	59.1	10.18	82.80
4	C 公司	62	660	114.16	18.03	84.17
5	D 公司	2	330	58.23	11.31	80.58

续表

序号	电厂	机组号	机组容量	湿式电除尘器入口雾滴浓度	湿式电除尘器出口雾滴浓度	湿式电除尘器雾滴脱除效率
			MW	mg/m³	mg/m³	%
6	E 电厂	3	660	33.6	18.9	43.80
7	F 电厂	4	660	35.46	8.32	76.50
8	G 公司	2	600	63.22	14.5	77.11
9	H 公司	2	330	78.54	14.36	81.71
10	I 电厂	1	300	31.49	8.7	72.38
11	J 公司	1	330	93.4	32	65.70
12	K 电厂	1	330	64.43	11.23	82.60
13	L 公司	4	330	73.11	14.09	80.70
14	M 公司	3	335	85.82	23.77	72.30
15	M 公司	4	335	87.09	23.09	73.49
16	M 公司	1	150	44.68	10.01	77.60
17	M 公司	2	150	72.85	21.71	70.20
18	N 公司	33	330	73.5	13.46	81.68
19	N 公司	34	330	83.03	14.44	82.61
20	O 电厂	3	220	71	30.8	56.60
21	P 公司	6	330	26.99	4.35	83.90
22	P 公司	7	330	28.25	5.36	81.00
23	Q 公司	12		69.2	16.8	75.70
24	Q 公司	21	200	56.74	13.3	76.55
25	Q 公司	22	200	68.52	14.3	79.13
26	Q 公司	23	200	52.71	11.06	79.02
27	Q 公司	24	200	58.74	12.71	78.36
最大值						84.17
最小值						43.80
平均值						74.18

四、小结

湿式电除尘器可以作为粉尘的精处理装置，能够实现烟尘的超低排放；但湿式电除尘器对入口烟尘浓度有一定限制，一般应不超过 30mg/m³。湿式电除尘器在控制粉尘的同时，可以有效脱除雾滴和气溶胶，从而可以降低烟囱防腐的等级，且具有较高的 SO_3 和 PM2.5

的脱除效率，因此可以作为下一步控制 SO_3 和 PM2.5 的有效手段。湿式电除尘器运行过程中需采用水冲洗清灰方式，会产生一定量的废水。但其随材质不同废水产生量也有差异，产生大量废水时需考虑废水的进一步处理。湿式电除尘器主要部件需选择具有一定抗腐蚀特性的材质。湿式电除尘器本体内烟气流速一般设计较小，其本体阻力相对较小，对烟气系统阻力的影响有限。

12

烟气"消白"技术

一、背景

据不完全统计，国内 93%的燃煤电厂 SO_2 控制均采用石灰石-石膏湿法脱硫工艺。其中大部分电厂脱硫建设初期均安装气-气换热器（GGH），但由于 GGH 漏风率普遍达到 0.8%~1.5%左右，将严重影响出口 SO_2 满足超低排放要求浓度（$35mg/m^3$）。因此为了满足超低排放要求，电厂在超低排放改造时均将 GGH 进行拆除，以确保 SO_2 达标排放。拆除 GGH 装置后虽提高了脱硫吸收塔整体的脱硫效率，并有效地避免了 GGH 的堵塞问题，但会带来石膏雨和"白烟现象"，造成视觉污染。一般认为湿法脱硫系统是形成"白烟现象"的主要原因，吸收塔浆液与高温烟气直接接触，浆液中的水分吸热汽化，烟气被增湿冷却，烟气含湿量增加，成为饱和湿烟气，同时烟气露点温度也随之升高。当湿烟气从烟囱出口排放时，与外界环境中的空气进行混合。混合后烟气温度低于该湿度条件下的烟气露点温度，则会使大量水析出，并凝结为小水滴，从而发生结露，形成白烟。

在燃煤电厂中，冒白烟的现象不仅出现在电厂烟气总排口的烟囱处，水冷式通风冷却塔也存在白烟问题。

随着社会的发展和人民生活水平的提高，"白烟现象"越来越被关注，特别是城市电厂，对湿烟气的治理已成为必要措施。国内部分地区也相应颁布了有色烟羽测试的相关技术要求，如上海市就烟羽问题颁布了《上海市燃煤电厂石膏雨和有色烟羽测试技术要求》。该项测试将作为判定排污行为是否符合相关环境保护管理措施的依据。

二、烟气"消白"技术措施分析

（一）生成及防治原理

燃煤电厂采用湿法烟气脱硫工艺后，吸收塔出口温度一般为 45~55℃，出口烟气通常为饱和湿烟气，并且烟气中含有大量水蒸气。如果烟气由烟囱直接排出，进入温度较低的环境空气，由于环境空气的饱和比湿较低，在烟气温度降低过程中，烟气中的水蒸气会凝结形成白色烟羽。

白色烟羽的形成机理如图 12-1 所示。图中的曲线为湿空气饱和曲线（$\varphi=100\%$），当烟气的状态点位于该曲线的左侧时，烟气中的水分将会结露析出，形成可视的"白烟"；反之位于曲线右侧则不会形成白烟。

通常湿烟气在烟囱出口处的状态位于 A 点，而环境空气的状态位于 G 点，烟气在离

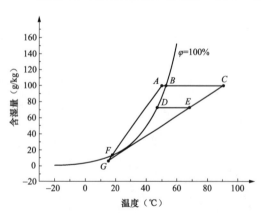

图 12-1　烟气生成及消白机理图

开烟囱时处于过饱和状态。湿烟气与环境空气混合的过程在 ABDF 区域内进行，达到

F 点后为饱和状态临界值，此后湿空气与环境空气的混合沿着 FG 变化。整个过程均在曲线的左侧进行，因此在混合过程中多余的水蒸气将凝结成液态小水滴，形成白色烟羽。

消除白烟主要是围绕湿空气饱和曲线来开展的，只要保证烟囱出口排放的烟气与环境空气混合的过程不在该曲线的左侧进行，则可达到消除白烟的目的。

现有的白烟消除技术主要可以归纳为烟气加热技术、烟气冷凝技术和烟气冷凝再热技术三大类。三种技术分别对应了图 12-1 所示的三种路径。

1. 烟气加热技术

该技术主要是对脱硫出口的湿饱和烟气进行加热，使得烟气相对湿度远离饱和湿度曲线。路径为图 12-1 中所示的 $ABCEG$ 路线。湿烟气初始状态位于 A 点，经过加热后达到状态点 C，再沿 CEG 路线进行掺混、冷却，最终到达环境状态点 G。整个变化过程均在湿空气饱和曲线右侧进行，因此将不会产生白烟。

2. 烟气冷凝技术

该技术主要是对脱硫出口的湿饱和烟气进行冷却，使得烟气沿着湿空气饱和曲线进行降温，在降温过程中由于同步将冷凝水提出，湿烟气的绝对含湿量下降。路径为图 12-1 所示的 $ABDFG$ 路线，湿烟气初始状态位于 A 点，经过降温后按 BDF 曲线冷凝，去除冷凝水，再沿 FG 与环境空气掺混、冷却至环境状态点 G，整个过程沿着湿空气饱和曲线进行，因此将不会产生白烟。

3. 烟气冷凝再热技术

该技术是前述两种方式的组合使用，路径为图 12-1 所示的 $ABDEG$ 路线。湿烟气初始状态位于 A 点，经过降温后按 BD 曲线冷凝，去除冷凝水，再沿 DE 加热，最终沿 EG 与环境空气掺混、冷却至环境状态点 G，整个变化过程均在湿空气饱和曲线右侧进行，因此将不会产生白烟。

（二）技术分类和特点

1. 烟气加热技术

烟气加热技术按换热方式分为间接换热和直接换热两大类。

直接换热的主要代表技术有热二次风混合加热、燃气直接加热、热空气混合加热等。直接加热技术的初投资较低，但其利用的热源并非烟气余热，需要额外提供热源进行加热，后期运维费用高，仅作为白色烟羽治理的手段代价过大，不宜在燃煤电厂作为消白手段。

间接换热的主要代表技术有回转式换热器、管式换热器、热媒式换热器、蒸汽加热器等。间接加热技术中，回转式换热器与管式换热器由于漏风问题，已不适用于超低排放的现状。蒸汽加热方式也需要额外消耗热源，不宜采用。因此，结合时下烟气超低排放及节能的要求，热媒式换热器成为烟气加热技术消白的首选措施。

2. 烟气冷凝技术

烟气冷凝技术对脱硫后的饱和湿烟气进行冷却，使得烟气中大量的气态水冷凝为液滴，在该过程中能够捕捉微细颗粒物、SO_3 等多种污染物，并随着冷凝水排出系统去除。因此，烟气冷凝技术作为消白手段，能在消除白烟的同时，实现烟气多污染物联合脱除，排出的冷凝水可作为脱硫补水使用。

烟气冷凝技术按换热方式也分为两大类，即间接换热和直接换热。

直接换热主要采用新建喷淋塔作为换热设备，占地面积大，冷媒与净烟气直接接触，换热效率高；但需要对冷媒水系统进行补充加药控制 pH 值，系统较复杂。

间接换热多采用管式换热器作为换热设备，冷媒与净烟气不直接接触，系统较简单。

烟气冷凝技术现在主要为实现节能、减排、收水、节水等目的进行使用，若要作为消白技术，需将烟气温度降低至环境温度附近才能起到较好效果。而在实际情况下，由于换热器的面积和额外能源消耗的问题，该技术无法实现。

3. 烟气冷凝再热技术

该技术综合了烟气加热技术和烟气冷凝技术，是上述两种技术的延伸。该技术不仅可以达到节水，同步消除多种污染物，还可以利用原有的烟气余热，不造成额外的能源消耗。

烟气冷凝再热技术中的再热技术主要使用热媒式换热器，热媒式换热器可以利用烟气余热，不再额外消耗热源。冷凝技术主要采用烟气水回收技术，主要包括膜法提水技术、喷淋冷却法提水技术、声波收水技术和凝结换热提水技术。

综上所述，现阶段可行的消白措施为热媒式换热器和烟气冷凝再热技术（烟气水回收）。

（三）主要技术措施介绍

1. 热媒式换热器

（1）系统简介。热媒式换热器的组成主要包括烟气降温段和烟气升温段，根据现场的布置条件，可将热媒式换热器布置于除尘器前或湿法脱硫系统前。以下以热媒式换热器的其中一种——WGGH（湿式 GGH）为例进行介绍。

WGGH 用于取代常规回转式 GGH 技术，是热媒式换热器的一种。本体采用无泄漏管式热媒体加热器，使用原烟气加热水后，用加热后的水加热脱硫后的净烟气。

WGGH 的换热器系统包括原烟气降温段和净烟气升温段两组热交换器，该系统功能为通过水和烟气的换热，利用 FGD 前高温原烟气的热量加热 FGD 后的净烟气，具体流程如图 12-2 所示，外形如图 12-3 所示。

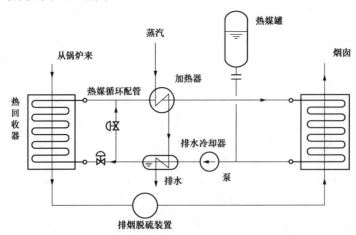

图 12-2　WGGH 流程示意图

图 12-3　WGGH 应用照片

WGGH 系统组成如下：

1）循环水系统。该系统的功能是保证循环水从烟气降温段中吸收烟气余热，然后将热量通过烟气再热器传递给净烟气。循环水水质为除盐水，系统主要由循环水泵、补水泵、稳压系统、电加热器，以及相关管道、阀门组成。

2）稳压系统由稳压罐、膨胀水箱，以及相关泵、阀门管道、仪表组成。稳压系统的作用是保证闭式系统的压力，防止循环泵汽蚀，防止烟气换热器中的水汽化。

3）考虑到启动前系统需要充水，正常运行时循环水有损耗，所以系统设有补水泵。

4）化学取样加药系统。为了防止循环水管道腐蚀，循环水 pH 值应控制为弱碱性。因此设置一套化学取样加药系统，控制系统的 pH 值和电导率。

5）烟气换热器清洗系统。该系统的功能是通过水淋洗的方式来清洗换热器的管子外表面烟尘。

（2）换热管材质选择。

1）金属材质介绍。根据低温腐蚀机理，影响换热管低温腐蚀的不是烟气温度，而是管壁壁温。当管壁壁温接近或低于酸露点温度时，在受热面上会发生低温腐蚀；只有管壁壁温高于酸露点温度 10℃以上，才能够避免发生受热面低温腐蚀。但往往由于换热的需要，需将烟气温度降低到露点温度以下。但也有实践证明，即使壁温在低于酸露点情况下也能做到有限的低温腐蚀。图 12-4 所示为 20G 和 ND 钢在不同管壁温度下的腐蚀速度。由图可知，当换热管壁温在水蒸气露点温度 25～105℃的范围内，20G 的腐蚀速率不大于 0.2mm/年，而 ND 钢的腐蚀速率在 0.1mm/年以下，这样的腐蚀速率在工程应用上是可以接受的。

20G 和 ND 钢是目前应用较多的换热管材质，20G 广泛用于制造介质温度小于或等于 430℃的省煤器、过热器、水冷壁、给水管路、主蒸汽管等，但其抗低温腐蚀性能差；ND 钢最早应用在炼油锅炉上，现广泛用于制造在高含硫烟气中服役的省煤器、空气预热器、热交换器和蒸发器等装置设备，用于抵御含硫烟气结露腐蚀。另外 316L 为奥氏体不锈钢，能够有效抵御含硫烟气结露腐蚀。

2）非金属材质（氟塑料材质）介绍。氟塑料本身具有极强的耐腐蚀性、良好的表面不黏性、较宽的温度范围和耐老化等优点，应用氟塑料换热器可以有效解决金属换热器的腐蚀问题（见图 12-5）。

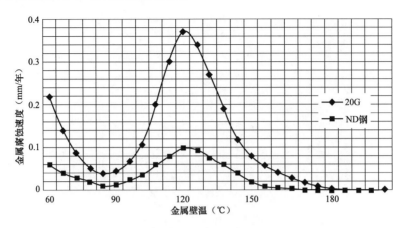

图 12-4　低温腐蚀速率

图 12-5　氟塑料换热器

氟塑料换热器具有以下特点：

a. 优异的耐腐蚀性能，对烟气成分及酸露点温度无要求。氟塑料属于化学惰性材料，除高温下的元素氟、熔融态碱金属、三氟化氯、六氟化铀、全氟煤油外，几乎可以在所有介质中工作。因此氟塑料换热器对烟气成分没有特殊要求，对换热器管壁温度和烟气酸露点没有特殊要求，能够完全避免换热器低温腐蚀现象。

b. 换热管表面光滑，不积灰、不结垢、易清理。氟塑料换热管表面及内壁都十分光滑，管外烟尘不易黏结、堆积，管内热媒在换热面很难结垢，可以减少设备的维护和清洗次数，保证其能在相对稳定的传热系数下长期安全稳定运行。同时，由于氟塑料不怕酸腐蚀，所以可以设置在线水冲洗对其进行清灰，清灰方便彻底。

c. 耐温性能良好。聚四氟乙烯的使用温度为 $-180\sim260℃$，其加工的氟塑料软管可在 200℃以下的各种强腐蚀性介质中良好运行。

d. 耐压性能较差。氟塑料换热管本身的耐压性能较差，经测算管壁厚小于 1mm 的小直径氟塑料软管工作压力需控制在小于或等于 1.0MPa。氟塑料换热器的耐压能力不足以承受凝结水泵后凝结水的压力，因此采用热量回收时需考虑设置中间二次换热器。

e. 导热系数低。氟塑料换热管本身的导热系数低，传热性能较差，因此氟塑料换热管应采用薄管壁，壁厚约为 1mm，以克服材料导热系数低的缺点。

f. 耐磨特性差。氟塑料换热管本身不具备较高的耐磨特性，且氟塑料换热管为薄管壁，因此氟塑料换热器均布置在除尘器后以减少其磨损。

（3）技术特点。

1）无泄漏。热媒式换热器的降温段和升温段完全分开，在热烟气和冷烟气之间无烟气和飞灰的泄漏，而该类泄漏在回转式换热器（GGH）中是不可避免的存在。因此，热媒式换热器从不影响 FGD 系统的 SO_2 和烟尘的去除效率。

2）布置灵活。热媒式换热器的降温段和升温段与回转式换热器不同，不必将两者临近布置，相比之下更容易布置及减少烟道布置费用。

3）控制烟温。热媒式换热器通过控制循环热媒水的流量来调节热量，进而使出口烟道温度高于酸露点温度，以防止烟道的酸腐蚀。

4）可靠性高。回转式换热器因为烟气温度和水分的波动，容易引起灰尘的沉积与结垢；而热媒式换热器不会出现该类问题，可以通过控制热媒水的循环流量和温度来减少烟气温度和水分的波动。

2. 烟气水回收

湿法脱硫系统出口烟气为饱和或过饱和状态，烟气温度为 50～55℃，其中水蒸气占 12%～18%。净烟气中水蒸气含量较大，主要来自煤中的水分和脱硫浆液中的水分。湿法脱硫出口烟气中的水蒸气处于湿饱和状态，若能够在脱硫塔后安装烟气换热器和收水装置，使烟温进一步降低，则烟气的饱和水蒸气将释放大量的凝结潜热，同时从烟气中分离出来。50℃的 $1m^3$ 饱和湿烟气，温度每降低 1℃，能回收大约 5g 的冷凝水。经冷凝器提水后，烟气中水分含量下降，相应的烟气露点温度也将下降。如需提升烟气温度以达到完全消除白烟的目的，经冷凝提水后的烟气所需提升的温度远小于未经过冷凝提水的烟气。经过试验测量可知，现在一般脱硫出口烟气温度为 50℃，按要求需要加热到 82℃。若稍微降低脱硫出口烟气温度，选择将烟气温度降低至 48℃，回收析出的凝结水后，此时烟气为 48℃的饱和烟气，则只需要将烟气加热到 72℃即可达到消除白烟的目的。也就是说，凝结收水技术除了水回收外，本身也有很好的降低白烟产生温度等作用。特别是降低烟气消白对烟气排放温度的需求方面，可以有效降低加热烟气所需的能耗，减少所增设换热器的初投资。并且分离出的水具有一定的酸性，氯离子含量较少，可再用于脱硫塔补水，全部或部分替代脱硫补水，实现水的回收利用。

目前，主流烟气提水技术路线有膜法提水技术、喷淋冷却法提水技术、声波收水技术和凝结换热提水技术四种。

（1）膜法提水技术。该技术通过膜技术对水蒸气分子进行过滤，渗透压来自空冷凝汽器的真空。水分回收系统主要由膜法过滤装置及空冷凝汽器组成，捕集的水经过简单处理即可回用（见图 12-6）。目前，膜法提水技术受膜工业限制，投资运行费用很高，目前仍不适合工业化应用。

由美国能源部资助的项目（项目号为 DE-NT0005350）、美国天然气工艺研究院（GTI）承担的膜法水分回收技术正处于研发阶段，该技术已经完成了在小型锅炉上的示范，目前正在燃煤发电厂进行中试。欧洲荷兰电力科学研究院（KEMA）开发了膜法烟气水分回收技术，该技术在 $10000m^3/h$ 实验台上进行示范，已经运行 2 年，提水率已达 40%。但受制膜的工业化影响，该技术一直处于试验阶段。

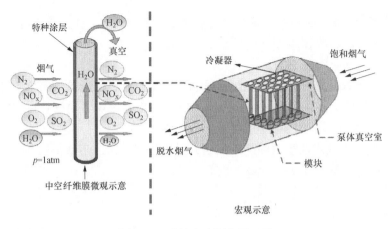

图 12-6　膜法水分回收原理图

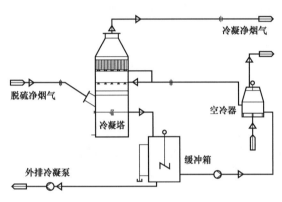

图 12-7　喷淋法水回收流程示意图

（2）喷淋冷却法提水技术。该技术是在脱硫塔后建一座烟气喷淋降温收水冷凝塔和闭式通风冷却塔，系统如图 12-7 所示。在喷淋塔中，从烟气中收集到的水与喷淋水混合在一起，呈酸性；通过板式换热器与闭式通风冷却塔热媒水相连接进行热交换，喷淋水在板式换热器内得到降温；闭式通风冷却塔热媒水在换热器内被加热升温后返回通风冷却塔与空气进行换热冷却，即采用气液间壁式换热器进行换热，把循环水从提水塔吸收的热量散失掉，最终间接实现烟气与空气换热、降温水回收的目的。

由于该方法需要新建大量新设备，所以对于空间狭小的电厂不宜采用，并且系统复杂，不宜运行。

（3）声波收水技术。声波收水技术主要是通过在吸收塔或烟道内安装布置声波发生装置，使烟道内部烟气中的水分通过声波发生装置产生的声波，进行凝聚碰撞形成大液滴，最终被物理分离。该项技术在饱和烟气中的脱水量约为 20%。

声波收水技术的优点在于通过物理方法将烟气中的水凝聚回收，使系统出口原本应为饱和的湿烟气变为不饱和蒸汽。后部无需再布置新的升温装置。

该项技术作为水回收技术应用简单，装置占地面积小，安装简便，作为消白技术无需增加升温段。但由于该技术仍处于试验研发阶段，目前尚无实际运行案例。

（4）凝结换热提水技术。凝结换热提水技术主要是将脱硫后的净烟气进行降温，由于烟气在不同温度下的饱和湿度不同，烟气温度降低后其饱和湿度也会减小，所以其过饱和部分水分就会凝结析出。随着烟气降温幅度的增大，烟气析出水量也增大。

该方法是目前主流的水回收技术，主要有以下优点：

1）经过烟气冷凝器期间，在过饱和水汽环境中，水汽在细颗粒物表面凝结，并产生热泳和扩散泳作用，促使细颗粒相互碰撞接触，使细颗粒凝聚；同时，烟气中的水蒸气凝结为大量细小雾滴，细小雾滴作为凝聚核可以吸附粉尘、石膏、气溶胶（SO_3）等凝并长大，并在相变凝聚模块的强化扰动下发生碰撞凝并；通过相变凝聚和碰撞凝并，可大幅提高灰尘等微粒的脱除效率。

2）在烟气总压力一定时，由于烟气中的水分减少，SO_3的分压力将升高，露点升高，冷凝凝结水以硫酸雾滴为晶核凝结，促使硫酸雾滴长大，易于硫酸雾滴的捕集。

3）经过冷凝器后，烟气湿度降低；同时在相变凝聚的捕集脱除作用下，烟气中的雾滴和烟尘得到高效脱除。烟气进入烟囱后，尽管仍为饱和状态，但温度和湿度、雾滴含量等都较常规系统降低。当该状态的烟气从烟囱冒出后，由于其与环境温度的温差降低，冷却速度相对降低（扩散速度相对增加），凝结水量相应减少，白烟现象减弱。

三、典型案例分析

（一）基本情况介绍

某电厂 8 号机组为 1000MW 超超临界机组，所在厂区位于镇中心，四周均为居民小区，人口密度高。脱硫系统采用湿法脱硫系统，脱硫系统出口直接连接烟囱进行烟气排放。

该厂于 2016 年 4 月对烟囱进行了白烟消除改造。

（二）改造范围与布置

该机组选用的烟气消白技术路线为热媒式换热器，选择静电除尘器入口原烟气作为加热热源，用于加热烟囱入口净烟气。

烟气换热装置降温段设备安装于静电除尘器入口水平烟道上。降温段采用碳钢螺旋式翅片管。降温段换热管沿烟气流方向分高温段、低温段布置，降温段的壳体及变径段采用碳钢，管壁厚度为 6mm；所有换热管采用碳钢，基管壁厚 3mm，翅片与基管材质相同，翅片厚度为 1.4mm。

烟气换热装置升温段布置在吸收塔出口烟道上，升温段采用 ND 钢螺旋式翅片管。换热管沿烟气流向分低温段、中温段和高温段布置，升温段壳体及变径段选用碳钢板材，管壁厚度为 6mm；所有换热管采用 ND 钢。基管壁厚 3mm，翅片与基管材质相同，翅片厚度为 1.4mm。

（三）主要性能要求及热媒式换热器技术参数

（1）为保证机组正常运行，烟囱入口烟气温度达到 80℃ 以上，且余热装置壁温可调可控，有 ±20℃ 以上的调节空间以适应煤种和负荷的变化。

（2）增加烟道阻力换热系统考核值总阻力不超过 1050Pa。

热媒式换热器的技术参数见表 12-1 和表 12-2。

表 12-1　　　　热媒式换热器（降温段）技术参数汇总

序号	项　目	单位	参数
			100%BMCR
1	入口烟气量（湿基、实际氧）	m^3/h（标准状态）	580685

序号	项　　目	单位	参数
			100%BMCR
2	入口烟气温度	℃	125.6
3	出口烟气温度	℃	90
4	烟气流速	m/s	≤10
5	烟气侧压力损失	Pa	450
6	热媒水进水温度	℃	70
7	热媒水出水温度	℃	97
8	热媒水流量	t/h	224
9	热媒水流速	m/s	<1.5
10	换热量	kW	6737

表 12-2　　　　　　　热媒式换热器（升温段）技术参数汇总

序号	项　　目	单位	参数
			100%BMCR
1	入口烟气量（干基、实际氧）	m³/h（标准状态）	3623500
2	入口烟气温度	℃	46
3	出口烟气温度	℃	80
4	烟气流速	m/s	≤10
5	烟气侧压力损失	Pa	750
6	热媒水进水温度	℃	97
7	热媒水出水温度	℃	70
8	热媒水流量	t/h	1344
9	热媒水流速	m/s	1.9
10	换热量	kW	40423
11	蒸汽耗量	t/h	0

（四）运行效果

表 12-3 所示为 2016 年 12 月热媒式换热器性能试验数据汇总。

表 12-3　　　　　　　热媒式换热器性能试验数据汇总

项　　目	单位	保证值/设计值	结果
烟气换热系统降温段压损	Pa	≤450	313
烟气换热系统升温段压损	Pa	≤750	533
烟气换热系统降温段出口温度	℃	≤90	90
烟气换热系统升温段出口温度	℃	≥80	81

热媒式换热器运行半年后，运行效果良好，各项性能保证值均能满足，换热器出口温度为81℃，实际运行烟囱排烟时，未见白烟飘出。

四、小结

白烟现象越来越受到关注，全国各地陆续出台相应的测试方法和标准，烟气消白技术将成为今后发展的关注点。现有烟气消白技术主要依靠对尾部烟气升温达到目的，部分缺水地区可以联合烟气水回收系统达到更好的效果，并提高机组的整体经济性。

热媒式换热器技术可以有效解决白烟现象，但受限于现场的空间位置布置。磨损和腐蚀仍是热媒式换热器最急需解决的问题，非金属材质虽能很好地规避腐蚀问题，但价格昂贵，布置空间需求大，对于改造机组适应性不强。

声波收水技术使用物理方法使原本饱和的湿烟气变为不饱和湿烟气，无需再设置升温装置，可降低投资成本及运行成本，降低烟气消白装置的复杂性，今后有很大的发展前景。

13

全厂废水零排放技术

一、背景

近年来，国家及地方政府发布了一系列法律、法规等文件，对水资源利用、节水以及废水处理排放提出了更严、更高的要求。

2014 年 4 月 24 日，新修订的《中华人民共和国环境保护法》发布，明确加大排污惩治力度，罚款金额可以"按日连续处罚"，同时赋予环保部门查封扣押等权力。2015 年 4 月发布的《水污染防治行动计划》明确指出，抓好工业节水，完善高水耗行业取水额定标准，开展节水诊断、水平衡测试、用水效率评估，严格用水定额管理。2016 年，《关于印发〈排污许可证管理暂行规定〉的通知》发布，要求落实最严格的水资源管理制度，开展节水综合改造示范，鼓励一水多用、分质利用，对直接或间接向水体排放工业废水的企事业单位实行排污许可管理。

山东省发布了《〈山东省南水北调沿线水污染物综合排放标准〉等 4 项标准增加全盐量指标限值修改单》，要求自 2016 年 1 月 1 日起，全盐量指标限值执行 1600mg/L 的要求；以中水或循环水为主要水源的企业，全盐量指标限值放宽到 2000mg/L。北京市出台的 DB 11/307—2013《北京市水污染物综合排放标准》规定，单位废水总排溶固（含盐量）小于 1600mg/L。河北省质量技术监督局和环境保护局共同发布的 DB 13/831—2006《氯化物排放标准》规定，含氯废水中的氯离子最高允许排放限值分一级、二级、三级，外排废水中氯离子的排放浓度最高不应超过 350mg/L。燃煤电厂的废水处理后若能达到上述排放要求，则可以直接进行回用，无需外排。因此，新的环保政策间接地要求燃煤电厂实现废水的"零排放"。

在国家和地方越加严格的用水、排水要求下，燃煤电厂废水"零排放"处理不仅成为一个趋势，而且在部分缺水地区具有迫切的现实意义。

二、技术路线分析

（一）全厂水资源优化利用

1. 废水来源及水质特点

燃煤电厂产生的废水主要有灰渣水、循环冷却水系统排污水、化学水处理车间废水、含煤废水、含油废水、脱硫废水、生活污水等。各路废水来源及水质情况如表 13-1 所示。

表 13-1　　　　　　　　　　火电厂废水排放及水质情况

分类	项　　目	排放特征	含杂情况
生活污水	生活区生活污水	连续水量，水量波动较大	COD、BOD 及氨氮含量较高
	生产区生活污水		
含有废水	油库油处理用洗涤排水	经常，不连续	含量高但排量小
	大小修或事故排水含油废水	非经常性排水	含量高但排放次数较少
	工业冷却水及杂用水	连续，基本定量	含油量不定，但排量大

分类	项目	排放特征	含杂情况
湿式冷却塔排水	湿式冷却塔运行连续排污水	连续，定值	总含盐量高
经常性化学排放	化学除盐再生水	经常，不连续	pH 值波动大，含盐量高
	化学预处理污泥水	经常，不连续	SS 高，浓度不定
	锅炉高温排污水	连续，定期	含盐量较高
	取样排水	不连续，量少	含盐不定
非经常性化学排水	锅炉化学清洗	非经常	pH 值和 COD 波动都很大
	炉管、空气预热器、除尘器及烟囱的不定期冲水	非经常	SS 高，浓度不定
	凝汽器管泄漏检查水	非经常	SS、COD、重金属含量高且变化不定
	湿冷塔清洗水	非经常	
冲灰水冲渣水水封排水	冲灰水	连续，定量	pH 值、SS 较高
	冲渣水		重金属等含量不定
	水封溢流水		SS 高，浓度不定
煤场排水	输煤系统冲洗水	经常，不连续	SS 高、pH 值不定
	煤场雨水	不定期	SS 高、pH 值不定
灰场排水	水力除灰水	连续，水量大	SS 高、pH 值不定、含有微量金属离子
	灰场雨水	不定期	SS 高、pH 值不定、含有微量金属离子

2. 全厂水资源优化的原则和思路

全厂水资源优化利用的基本原则是：节水优先，分质处理，梯级利用，一厂一策。由于电厂用水系统较多，输水管路复杂且多为地埋式，多数存在"跑冒滴漏"和串接现象，一方面造成水资源的浪费，另一方面也产生了"高水低用"现象。由于不同系统产生的废水水质不同，所以需要对废水根据水质情况进行处理后根据不同系统的进水要求进行梯级利用。此外，不同电厂的水源水质不同、生产系统配置不同，产生的废水水量、水质相差较大，因此全厂水资源优化利用方案的设计需要根据实际情况进行计算、论证。

全厂水资源优化利用的思路一般如下：

（1）建立水务管理体系。设立专职管理人员，建立全厂供水、给水及排水系统水质和水量的总体平衡监测，在总取水口和总排水口及各类水系统出口装设流量计及在线水质检测仪表。

（2）避免"跑冒滴漏"。严查各输水系统管道，对管道和容器破裂、阀门不严进行维修更换，提升各设备密封性。

（3）提高循环水浓缩倍率。通过优化循环冷却水系统运行方式，提高循环水浓缩倍率，减少循环水补水用量及排污水量，提高循环水系统用水效率。

（4）循环水排污水回用。循环水排污水根据其水质特点可以回用作脱硫工艺水、灰渣系统补水、燃料系统补水等，也可以通过除硬除盐进一步处理后作为锅炉补给水或回用作循环冷却水补水。

（5）化学水处理系统废水回用。化学水处理系统产生的废水水质浊度低，但含盐量高，可分级利用。其中，反冲洗水可以回用于循环冷却水系统，反渗透浓水可以回用作脱硫工艺水。

（6）脱硫废水进一步回收利用。脱硫废水具有重金属含量高、含盐量高、固体悬浮物含量高的特点，并由于氯离子含量较高而具有一定的腐蚀性。可以将脱硫废水部分回用于灰场喷淋降尘、煤场喷洒、捞渣机补水等，剩余的脱硫废水纳入全厂废水零排放处理系统进行处理。

（7）生活污水经过处理达到 GB 18918—2002 的一级 A 标准后，可以补充进入循环水系统、脱硫工艺水系统，或者作为绿化用水等。

（8）合理配置脱硫工艺水用水。由于脱硫工艺水用于制浆，水质要求较低，可以将其他系统产生的废水如循环水排污水、反渗透浓水等，用作脱硫工艺水，实现废水梯级利用，减少废水产生量。

（二）工艺路线介绍分析

燃煤电厂废水种类较多，水量较大，经过梯级利用后剩余的废水需要进行处理后回用。根据燃煤电厂废水的水质水量特点，"零排放"处理工艺主要分为预处理、浓缩减量处理和蒸发脱盐处理三个环节，处理对象主要为循环水排污水、酸碱再生废水及脱硫废水等。由于脱硫废水的含盐量较高，通常将预处理后的脱硫废水与一级浓缩处理后的循环水排污水浓水、酸碱再生废水混合后进行下一级浓缩处理。各路废水经过逐级浓缩后产生的浓盐水进入蒸发脱盐系统进行脱盐处理后回用。

1. 预处理工艺

预处理主要用于去除废水中的硬度离子、部分硅酸盐、总碱度、胶体和固体悬浮物等，保障后续膜浓缩处理系统的稳定运行。

（1）软化工艺的选择。通常采用"石灰-碳酸钠"双碱法对废水进行软化处理。在废水中加入石灰与水中的碳酸氢根、碳酸根反应，生成碳酸钙沉淀，将水中的暂时硬度及部分硫酸盐去除。加入石灰乳反应后残留的硬度主要为钙硬，可通过加入碳酸钠以碳酸钙形式沉淀去除钙硬。在加碱软化处理过程中，废水中的硅也可以被部分去除。在对废水进行软化处理时，可以通过模拟试验来确定最佳药剂量，尽量降低水的硬度，并对出水水质进行评价。

（2）除浊工艺的选择。目前，水处理工程广泛应用的除浊工艺包括机械过滤、超滤和管式微滤等。

机械过滤包括活性炭过滤、砂滤、多介质过滤等。机械过滤存在运行维护工作繁琐、滤料容易污染和破碎，以及出水浊度相对较高等问题，其应用受到限制。

超滤膜可有效去除水中的细小的悬浮物、胶体微粒、细菌等。超滤系统处理出水浊度小于 0.2NTU，SDI<3，可以达到反渗透系统进水水质要求。为了保证超滤系统的稳定运行，通常废水在进入超滤系统前需要先进行澄清及砂滤处理。

管式微滤系统主要由循环泵、管式微滤膜及膜架、清洗装置、相关控制阀门及匹配管道组成。废水经过加药沉淀后通过泵提升进入管式微滤系统，在压力和速度的驱使下，废水通过管式微滤膜以错流过滤的方式，使悬浮固体物质与液体分离。管式微滤工艺系统相对简单，正常运行工况下处理出水能够满足反渗透系统的进水要求。

超滤和管式微滤工艺的对比分析如表 13-2 所示。采用传统的沉淀-过滤-超滤处理系统工艺流程较长，涉及的处理设施较多，系统较为复杂；而采用管式微滤系统，经过化学软化处理后的污水无需经沉淀池、多介质过滤、砂滤等处理设施就可以直接进入管式微滤系统。采用管式微滤工艺不需要投加 PAM 等助凝剂，减少了化学药剂的费用，并且占地面积明显减少，特别适合于用地紧张的企业。

表 13-2　　　　　　　　　　　　管式微滤和超滤工艺的技术经济比较

项目	管式微滤系统	沉淀-过滤-超滤系统
过滤孔径	0.05～1.2μm	0.002～0.1μm
预处理	pH 值调节、化学处理	pH 值调节、混凝沉淀
前道过滤工序	无需	砂滤、盘式过滤、多介质过滤、碳滤等
抗污染能力	抗腐蚀、抗污垢、耐酸碱、抗氧化、能承受漂白剂和氧化剂的浸泡	抗污染、抗氧化、耐酸碱
清洗	正向清洗	反向清洗
清洗后通量恢复	药剂清洗或浸泡后，通量几乎可以恢复到 100%	药剂清洗后，通量很难恢复到 100%
占地面积	小	较大
使用寿命	5～7 年以上	2～3 年
投资成本	较高	较低
应用情况	较少	较多

由于管式微滤系统的投资费用相对于超滤系统较高，所以目前应用相对较少。但对于改造项目，由于具有系统占地面积小的优点，所以逐渐得到了关注和应用。

2. 浓缩减量处理工艺

浓缩减量处理的功能是尽可能减少需要蒸发处理的末端废水量，处理后产生的淡水回用于化学制水车间或循环水补水等，产生的浓水进入蒸发处理系统。目前，浓缩减量处理工艺主要有纳滤、常规反渗透、海水反渗透、碟管式/管网式反渗透、正渗透、电渗析，以及蒸发浓缩 MVC 等。

（1）常规反渗透。常规反渗透运行压力较低（小于 1.5MPa），适用于处理含盐量较低（2000～5000mg/L）的废水，系统脱盐率在 98%左右，回收率在 75%左右。经过常规反渗透处理后，产生的浓水含盐量达到 20000mg/L 左右，产生的淡水含盐量在 100mg/L 左右，直接回用作化学制水车间补水。常规反渗透处理系统的浓水进入下一级膜浓缩处理系统。

（2）海水反渗透。海水反渗透（sea water reverse osmosis，SWRO）是反渗透的一种，采用的反渗透膜为海水反渗透膜。海水反渗透系统的运行压力更高（小于 8MPa），处理得到浓水含盐量更高（50000mg/L 左右），因此适宜处理含盐量较高的废水（20000mg/L 左右）。海水反渗透系统的回收率由产水水质和操作压力决定，通常回收率设计为 50%左右，在全厂废水"零排放"处理工艺中，通常用于对常规反渗透浓水和经过除硬除浊预处理后的脱硫废水进行浓缩减量处理。

（3）碟管式反渗透。碟管式反渗透（disc-tube
revsese osmosis，DTRO）是一种高压反渗透，
具有更高的浓缩效果。DTRO膜组件主要由RO
膜片、导流盘、中心拉杆、外壳、两端法兰、
各种密封件及连接螺栓等部件组成。把过滤膜
片和导流盘叠放在一起，用中心拉杆和端盖法
兰进行固定，然后置入耐压外壳中，就形成一
个碟管式膜组件，如图13-1所示。

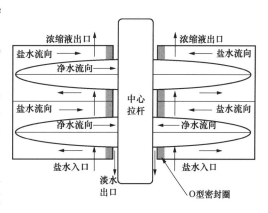

图13-1　碟管式反渗透膜组件结构示意图

STRO为在DTRO基础上开发的一种高压反
渗透膜系统。与DTRO不同的是，STRO为卷式
膜，而DTRO为膜片。相比于DTRO膜系统，
STRO膜系统具有类似的废水盐分浓缩效果，但
是抗污染性能更好，目前在国内垃圾渗滤液的处理中已有应用，在电厂高盐废水的处理中应用
较少。DT/STRO系统的运行压力可以达到90～120kg，可以将废水含盐量浓缩到100000～
120000mg/L，因此可以用于处理SWRO系统产生的浓水，回收率通常设计为50%左右。废水
经过DT/STRO系统进行浓缩处理后，产生的浓水为末端废水，进入蒸发系统进行脱盐处理。

（4）纳滤。纳滤（nano-filtration，NF）是介于反渗透和超滤之间的截留水中纳米级颗
粒物的一种膜分离技术，能够去除直径为1nm左右的溶质粒子，能够截留有机物的分子量
为100～1000。NF系统对单价阴离子盐溶液的脱除率低于高价阴离子盐溶液，如对氯化钠
及氯化钙的脱除率为20%～80%，而对硫酸镁及硫酸钠的脱除率为90%～98%。由于NF
膜对单价离子和高价离子的截留能力不同，所以在全厂废水"零排放"中用于实现一价盐
与二价盐的分离，提高结晶盐的纯度和经济性。

（5）正渗透。正渗透（forward osmosis，FO）处理系统，包括中央控制系统、FO膜系
统、汲取液再生系统、汲取液储罐、净水储罐、低温加热系统、汲取液控制系统等。正渗
透膜两侧产生的渗透压差是正渗透过程能得以持续进行的驱动力，而汲取液的渗透压是决
定这种驱动力大小的关键因素。

由于汲取液的浓度通常在200000mg/L以上，因此采用正渗透系统可以将废水含盐量
浓缩到200000mg/L左右，相比于DT/STRO系统具有更高的脱盐效果和回收率。正渗透投
资成本较高，通常进入正渗透系统废水的含盐量在50000mg/L以上较为经济，产生浓水的
含盐量达到150000mg/L以上。

（6）电渗析。电渗析技术（electrodialysis，ED）是在直流电场作用下，水中溶解性盐
在离子交换膜的选择透过作用下，阴阳离子分别通过阴离子膜和阳离子膜而分开。在实际
运行中，废水中含有的钙、镁、碳酸盐和硫酸盐等结垢离子由于电极反应、极化，会以氢
氧化钙、氢氧化镁、碳酸钙、碳酸镁和硫酸钙等的形式沉积于电极和极室，常常引起阳离
子交换膜的污染。此外，在阴、阳膜浓水一侧，由于膜面处离子浓度大大超过溶液中的离
子浓度，容易造成阴、阳膜浓水侧因过饱和而形成沉淀。采用频繁倒极操作，能够有效减
轻电渗析的离子交换膜和电极表面形成的污垢，因此维护工作量相对较大。

为了提高电渗析装置的抗腐蚀性能，延长电极使用寿命，电渗析装置可以采用贵金属
电极并涂敷复合材料，同时采用耐污染型离子交换复合膜（大孔径中性半透膜），使电渗析

的膜系统具有较强的抗氧化、耐酸碱、耐腐蚀、抗水解的能力和抗污染能力，保证电渗析系统具有较长的使用寿命。

电渗析系统的设备自动化程度高，对进水有机物要求宽泛，离子交换膜抗污染性强，不需要额外设置有机物预处理工艺。电渗析系统运行时，不用酸、碱频繁再生，也不需要加入其他药剂，仅在定时清洗时用少量的酸或碱，对环境基本无污染。此外，电渗析系统没有高压设备，运行过程中没有高压泵的强烈噪声，作业环境相对较好。

（7）MVC 蒸发浓缩。机械蒸汽压缩（Mechanical Vapor Compression，MVC）卧管降膜蒸发系统是目前现有蒸发工艺中能耗效率最高的蒸发工艺。该蒸发工艺主要是运用蒸汽的特性。当蒸汽被压缩机压缩时，其压力和温度得到逐步提升。当较高温度的蒸汽进入蒸发器的换热管里，而冷水（高盐水）在管外喷淋时，蒸汽在换热管里冷凝形成冷凝水，蒸汽的热焓传给管外的喷淋水，这样使盐水连续进行蒸发浓缩。在整个系统中能量的输入只有压缩机的电动机和很小的保持系统稳定操作的加热器（或者蒸汽）。

近年来，MVC 系统在高盐废水的蒸发浓缩处理中的应用案例逐渐增多，尤其是相关设备国产化后能够大大降低系统的投资运行成本，具备一定的优势。由于废水软化处理后经过膜浓缩处理，废水中的硬度离子得到浓缩，在 MVC 系统长期运行中，硬度离子将会在 MVC 换热器表面结垢，需要定期进行化学清洗，一定程度上影响了系统运行的稳定性。

（8）浓缩减量处理工艺对比。对比情况见表 13-3。

表 13-3 浓缩减量处理工艺对比

工艺技术	NF 工艺	常规 RO 工艺	SWRO 工艺	DTRO/STRO 工艺	正渗透工艺	电渗析工艺
工艺特点	截留二价离子	运行压力较低	运行压力较高	高压力运行	不需外加压力	不需外加压力
适用范围	用于分盐处理	废水含盐量<10000mg/L	废水含盐量<40000mg/L	废水含盐量<60000mg/L	废水含盐量>50000mg/L	废水含盐量>20000mg/L
进水水质	要求较高	要求较高	要求较高	要求较高	耐受一定 COD	耐受一定 COD和硬度
运行稳定性	较稳定	较稳定	较稳定	需定期清洗	汲取液回收较困难	需避免极板结垢
投资	较低	低	较低	高	高	较高
维护强度	小	小	较小	较大	较大	较大
技术成熟度	成熟	成熟	成熟	较成熟	不太成熟	较成熟
应用情况	多	多	多	较多	少	较少

3. 蒸发脱盐处理工艺

全厂废水经过预处理和浓缩减量处理后产生的浓盐水为末端废水，将这部分末端废水进行蒸发脱盐处理、实现"零排放"是实现全厂废水"零排放"的最后一步，也是关键一步。目前，末端废水蒸发脱盐技术主要有多效强制循环蒸发结晶工艺、蒸汽机械再压缩蒸发结晶工艺、烟道雾化蒸发工艺，以及旁路烟道蒸发工艺等。

（1）多效强制循环蒸发结晶工艺。多效强制循环蒸发（MED）是在单效蒸发的基础上发展起来的蒸发技术，其特征是将一系列水平管或垂直管与膜蒸发器串联起来，并分为若干效组，用一定量的蒸汽通过多次蒸发和冷凝从而得到多倍于加热蒸汽量的淡化过程。多效蒸发中效数的排序是以生蒸汽进入的那一效作为第一效，第一效出来的二次蒸汽作为加热蒸汽进入第二效，依次类推。多效蒸发技术是将蒸汽热能进行循环并多次重复利用，以减少热能消耗，降低运行成本。由于加热蒸汽温度随着效数逐渐降低，多效蒸发器一般只做到四效，四效后蒸发效果就很差。四效蒸发器工艺流程见图 13-2。

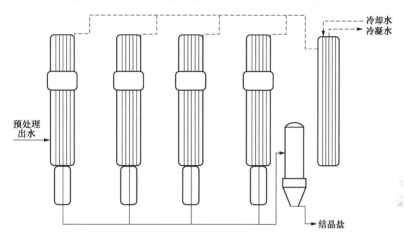

图 13-2　四效蒸发器工艺流程图

虽然多效蒸发把前效产生的二次蒸汽作为后效的加热蒸汽，但第一效仍然需要不断补充大量新鲜蒸汽。多效蒸发过程需要消耗大量的蒸汽，蒸发处理 1t 水大约需要消耗 0.5～1.5t 蒸汽。由于末效产生的二次蒸汽需要冷凝水冷凝，所以整个多效蒸发系统比较复杂。通过多效蒸发后达到结晶程度的盐水进入结晶器产生晶体盐，通过分离器实现固液分离，淡水回收利用，固体盐外售或填埋。

（2）蒸汽机械再压缩蒸发结晶工艺。蒸汽机械再压缩蒸发结晶工艺（MVR）的原理和工艺流程如图 13-3 所示。常用的降膜式 MVR 蒸发结晶系统，由蒸发器和结晶器两单元组成。预处理后的脱硫废水首先送到机械蒸汽再压缩蒸发器（BC）中进行浓缩。经蒸发器浓缩之后，浓盐水再送到 MVR 强制循环结晶器系统进一步浓缩结晶，将水中高含量的盐分结晶成固体，出水回用，固体盐分经离心分离、干燥后外运回用。

蒸汽机械再压缩技术工艺流程的具体步骤如下：

1）废水经过预处理后进入给水箱，调整 pH 值至 5.5～6.0 后，经泵送入热交换器，使水温上升至沸点。

2）加热后的高盐废水经过除氧器，脱除水里的

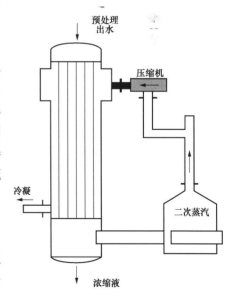

图 13-3　MVR 蒸发结晶工艺流程图

氧气、二氧化碳、不凝气体等，以减少对蒸发器系统的腐蚀结垢等危害。

3）废水进入浓缩器底槽，与浓缩内部循环的浓盐水混合，由循环泵送至换热器管束

顶部的配水箱。

4）废水通过换热管顶部的卤水分布器流入管内，均匀地分布在管子的内壁上，呈薄膜状向下流至底槽。部分浓盐水沿管壁流下时，吸收管外蒸汽释放的潜热而蒸发，蒸汽和未蒸发的浓盐水一起下降至底槽。

5）底槽内的蒸汽经过除雾器进入蒸汽压缩机，提高蒸汽温度和压力形成过热压缩蒸汽，然后压缩蒸汽进入浓缩器换热管外侧。

6）压缩蒸汽的潜热通过换热管管壁对沿着管内壁下降的温度较低的盐水膜加热，并使部分盐水蒸发，盐水蒸发的蒸汽在换热管外壁上冷凝成蒸馏水。

7）蒸馏水沿管壁下降，在浓缩器底部积聚后，被泵输送至板式换热器，蒸馏水流经换热器时，对新流入的盐水加热，最后进储存罐待用。

8）排放少量浓盐水，以适当控制蒸发浓缩器内盐水的浓度。

对于 MVR 工艺，除了初次启动时需要外源蒸汽外，正常运行时蒸发废水所需的热能主要由蒸汽冷凝和冷凝水冷却时释放或交换的热能提供，在运行过程中没有潜热损失。运行过程中所消耗的仅是驱动蒸发器内废水、蒸汽、冷凝水循环和流动的水泵、蒸汽压缩机和控制系统所消耗的电能。对于利用蒸汽作为热能的多效蒸发技术，蒸发每千克水需消耗热能 554kcal；而采用机械压缩蒸发技术时，典型的能耗为蒸发每千克水仅需 28kcal 或更少的热能。即单一的机械压缩蒸发器的效率，理论上相当于 20 效的多效蒸发系统。

（3）烟道雾化蒸发处理工艺。烟道雾化蒸发工艺是将末端废水雾化后喷入除尘器入口前烟道内，利用烟气余热将雾化后的废水蒸发。在烟道雾化蒸发处理工艺中，雾化后的废水蒸发后以水蒸气的形式进入脱硫吸收塔内，冷凝后形成纯净的蒸馏水，进入脱硫系统循环利用。同时，废水中的溶解性盐在废水蒸发过程中结晶析出，并随烟气中的灰一起在除尘器中被捕集。目前脱硫废水在烟道内的雾化蒸发处理技术在工程实际中已有一些应用（如美国 Bailly 电厂、华能上都电厂、华电土右电厂和哈尔滨发电厂等），但是需要进行详细计算论证，确定合理的运行方式及运行参数。根据已有案例的运行经验，废水雾化喷入烟道蒸发过程中，未出现烟道腐蚀、盐分结垢堵塞喷射系统等问题，废水蒸发系统投运后未见对后续电除尘造成影响，对灰品质及输灰系统运行也未见影响。已有运行案例中曾出现系统运行中间断性出现喷射系统压力不稳定、烟道底部积灰等问题，可以通过改进喷射系统相关设备选型和加装吹灰器等清灰装置解决。废水烟道雾化蒸发处理系统如图13-4所示。

废水烟道雾化蒸发处理工艺系统较为简单，没有结晶盐需要处理处置，并且利用空气预热器出口烟气余热作为热源将废水蒸发，系统投资和运行成本显著低于 MED 和 MVR 工艺。但废水烟道雾化蒸发处理工艺需要根据烟气参数和除尘器与空气预热器之间的烟道布置情况详细论证其可行性。

（4）旁路烟道蒸发处理工艺。设置

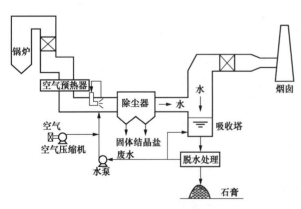

图 13-4　脱硫废水烟道雾化蒸发工艺流程图

独立喷雾蒸发装置（旁路烟道），引部分空气预热器入口前高温烟气（温度 340℃左右）作为热源进入旁路烟道。末端废水通过输送泵进入旁路烟道，在雾化喷嘴作用下雾化成细小液滴，并在高温烟气的加热作用下快速蒸发。为了避免烟气温度过低导致结露腐蚀，通常将废水蒸发后烟气温度控制在 140℃左右。高温烟气将废水蒸发后温度降低并进入除尘器。废水蒸发后盐分结晶析出并和飞灰一起在除尘器中被捕集去除，废水蒸发形成的水蒸气随烟气进入脱硫系统冷凝成新鲜水，补充进入脱硫系统。末端废水旁路烟道蒸发工艺流程如图 13-5 所示。

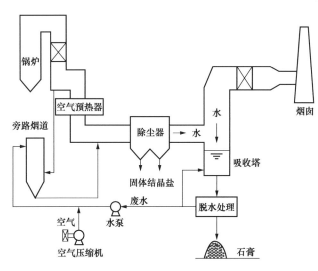

图 13-5　旁路烟道雾化蒸发系统流程图

　　末端废水旁路烟道蒸发系统将废水蒸发过程置于旁路烟道内，系统运行不会对主烟道系统造成影响，并且系统运行过程中没有污泥及结晶盐处理处置问题。废水旁路烟道蒸发系统需要新建旁路烟道，工程投资和运行成本高于烟道雾化蒸发工艺，但是低于 MED 和 MVR 工艺。由于采用空气预热器入口高温烟气作为热源，所以会减少进入空气预热器的高温烟气量，对锅炉效率略有影响。以一台 300MW 机组蒸发 $4m^3/h$ 废水计算，采用旁路烟道蒸发工艺将使锅炉效率降低 0.3%左右，折合煤耗为 1g/kWh。

　　对于旁路烟道蒸发处理工艺，末端废水蒸发量与外引烟气量直接相关，由于外引烟气量的限制，导致废水蒸发量有限。目前，采用旁路烟道蒸发工艺处理脱硫废水的应用案例较少（焦作万方电厂、浙能长兴电厂），均为 2016 年投运，其长期运行效果仍有待检验。

　　（5）蒸发脱盐处理工艺对比。对比情况见表 13-4。

表 13-4　　　　　　　　　　　末端废水蒸发脱盐处理工艺对比

蒸发方式	MED 工艺	MVR 工艺	烟道雾化蒸发工艺	旁路烟道蒸发工艺
工作原理	将加热蒸汽通入一蒸发器蒸发，产生的二次蒸汽作为加热蒸汽，引入另一个蒸发器作为加热热源	其原理是利用高能效蒸汽压缩机压缩蒸发产生的二次蒸汽，把电能转换成热能，提高二次蒸汽的焓，二次蒸汽打入蒸发室进行加热循环利用	利用除尘器入口前烟气的热量将雾化后的废水瞬间蒸发，盐分结晶随灰被捕捉，水蒸气在脱硫塔内冷凝回用	从空气预热器入口前外引一部分高温烟气作为热源，将雾化后的废水瞬间蒸发。之后烟气进入除尘器入口前烟道，盐分结晶随灰被捕捉，水蒸气在脱硫塔内冷凝回用

蒸发方式	MED 工艺	MVR 工艺	烟道雾化蒸发工艺	旁路烟道蒸发工艺
工艺特点	热利用率高，传热系数大，蒸发速度快，物料可以浓缩到较高的浓度，消耗蒸汽	热利用率高，传热系数大，蒸发速度快，物料可以浓缩到较高的浓度，消耗电能	利用烟气余热将废水蒸发，结晶盐与灰混合	利用高温烟气热量将废水蒸发，结晶盐与灰混合。对锅炉效率略有影响
适用范围	可蒸发浓度较高的溶液，对于黏度较大的物料也能适用，但不适合易结垢物料	可蒸发浓度较高的溶液，对于黏度较大的物料也能适用，但不适合易结垢物料	除尘器入口烟道较长、烟温较高、水量相对较小的情况	适用于水量较小的情况，否则对炉效影响较为明显
进水水质要求	较高，不易处理含有较高硬度、重油等高结垢倾向的污水	高。对于含有挥发性物质和腐蚀性物质的污水有苛刻的进水要求	较低	较低
结晶器的使用	需要，可以前效蒸发器进行浓缩，后效蒸发器内结晶	需要。MVR 只能产生浓缩液，需要另配结晶器	不需要	不需要
结垢和堵塞	较严重，发生一定程度的结垢后设备可继续使用，但能耗增加。预处理软化要求高	严重。若结垢设备不能继续使用，需停机清洗。预处理软化要求高	较严重，可通过加装吹灰装置定期吹灰，优化喷射角度减轻或避免堵塞	一般。烟气温度较高，废水蒸发相对完全，可加装灰斗定期清灰
挥发气体影响	很大，影响出水水质和蒸发器运行	很大，影响出水水质，主要影响蒸汽压缩机的使用稳定性和寿命	较小	较小
运行可靠性	较稳定，管束有结垢，平均 5～15 天需清洗一次	较稳定，管束有结垢，平均 7～20 天需清洗一次，压缩机需定期维护	较稳定，根据积灰、结垢状况进行清理	较稳定，根据积灰、结垢状况进行清理
清洗难易程度	较难，列管蒸发器需要停机清洗	较难。对于列管蒸发器需要停机清洗	较容易，主要为积灰和结垢的清理	较容易，主要为积灰和结垢的清理
冷却水	需要，消耗量较大	大多数不需要	不需要	不需要
投资	较高	较高	最低	较低
控制方式	半自动	自动	自动	自动
安全保障	一般。高温热源和真空设备	一般。高温热源与带有压力的蒸汽	一般。没有高温设备	一般。引接烟气温度较高
维护强度	较高	较高	较高	较高
设备稳定性	较高	较高	较高	较高
技术成熟度	高	高	较高	一般
设备国产化率	高，达到 100%	较高，关键设备进口	较高	较高
占地面积	较大	较大	小	较小
应用情况	电厂应用较少	电厂应用较少	较多	较少

三、典型案例分析

（一）多效强制循环蒸发结晶工艺

1. 方案实施情况

某燃煤电厂装机容量为 2 台 600MW 机组，其全厂废水"零排放"系统主要对脱硫废水（16m³/h）和酸碱再生废水（4m³/h）进行"零排放"处理，设计处理水量为22m³/h，采用的工艺为"二级预处理＋多效强制循环蒸发结晶（MED）"。该废水"零排放"处理系统中MED系统的占地面积约为20m×30m，预处理系统为分散布置，整个系统施工周期约为12个月。

脱硫废水和其他含盐废水在调节池内混合调节后先后进入一级反应池和二级反应池进行加药软化预处理。软化预处理采用"石灰石-碳酸钠"双碱法，除硬处理后的出水经过澄清后直接进入MED系统进行"零排放"处理。电厂来的高温蒸汽进入蒸发器，将经过冷凝水预热后的废水加热蒸发，废水在蒸发器内蒸发产生的蒸汽作为热源进入下一效蒸发器。在四效蒸发器内，废水经过蒸发而析出的结晶盐形成盐浆先后进入旋流器和离心机分离出结晶盐。结晶盐经过干燥处理后打包外运。废水蒸发产生的蒸汽经过各效蒸发器的利用后温度降低，并在冷凝器中形成冷凝水进行回用。

软化预处理和MED系统工艺流程分别如图13-6和图13-7所示。

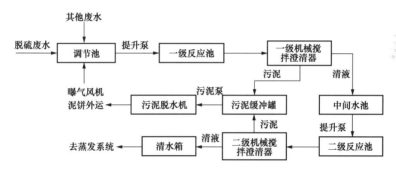

图 13-6　某电厂废水"零排放"工艺流程图

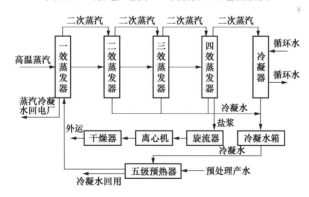

图 13-7　某电厂废水多效循环蒸发工艺流程图

2. 方案适用性分析

根据该项目的废水处理工艺流程图，废水经过加药除硬预处理后即进入MED蒸发结晶系统，没有经过膜浓缩处理，因此进入MED蒸发结晶系统的废水量较大。根据MED工艺的技术特点，采用蒸汽作为废水加热蒸发热源，能耗较大，运行成本较高。

该废水"零排放"处理项目系统总投资约为9000万元，吨水处理成本总计约为150～180元/m³废水，其中系统运行电耗为15kWh/m³废水，蒸汽耗量为0.3t/m³废水，石灰耗量为12kg/m³废水，碳酸钠耗量为12kg/m³废水。

MED 系统产生的结晶盐为混盐，其销售途径主要为印染工业，销量有限，部分结晶盐堆存于库房，长期运行需要考虑结晶盐的处理处置问题。

（二）机械蒸汽再压缩蒸发结晶工艺

1. 方案实施情况

某电厂装机容量为 2×660MW 燃煤机组，采用"石灰、碳酸钠双碱软化＋两级反渗透浓缩＋正渗透深度浓缩＋机械蒸汽再压缩（MVR）蒸发结晶"工艺对脱硫废水和酸碱再生废水进行处理，实现废水的"零排放"，处理水量总计为 22m³/h（脱硫废水为 18m³/h，酸碱再生废水为 4m³/h）。

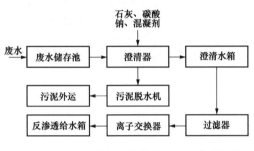

图 13-8　某电厂废水深度软化处理工艺流程图

该项目废水处理主要分为深度软化处理系统、浓缩减量处理系统，以及蒸发结晶处理系统。深度软化处理系统的工艺流程如图 13-8 所示。深度软化采用的同样是"石灰-碳酸钠"双碱软化工艺。为了对废水进行深度软化处理，降低后续处理系统的结垢风险，提高结晶盐纯度，废水在软化处理后进入离子交换器（弱酸阳床）进行深度软化处理。经过离子交换器处理后的出水硬度控制在 20mg/L 以下，出水进入反渗透处理系统，进行浓缩减量处理。

膜浓缩系统包括两级反渗透和一级正渗透，膜浓缩处理后产生的末端废水水量显著减少，有利于减少末端废水蒸发结晶系统的投资和运行成本。膜浓缩系统的工艺流程如图 13-9 所示。一级反渗透系统采用海水淡化膜，产生的浓水含盐量达到 5 万 mg/L 左右，进入正渗透装置进行深度浓缩处理，产生的淡水进入二级反渗透装置进一步脱盐；二级反渗透采用常规反渗透膜，产生的浓水返回到反渗透给水箱，产生的淡水

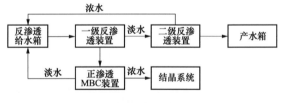

图 13-9　某电厂废水膜浓缩处理工艺流程图

进入产水箱，产水含盐量在 20mg/L 左右。正渗透装置具有较高的脱盐性能，产生的浓水含盐量可以达到 22 万 mg/L 以上，产生的淡水进入反渗透给水箱。经过正渗透系统的深度浓缩，产生的末端废水量显著降低，只有 3m³/h 左右，进入 MVR 蒸发结晶系统。

该项目由于采用深度软化工艺对废水进行预处理，MVR 蒸发结晶系统产生的结晶盐纯度较高，产生的 NaCl 和 Na₂SO₄ 纯度均高于 95%。

2. 方案适用性分析

该项目废水先经过深度软化预处理，之后进入两级反渗透和正渗透进行深度浓缩，显著减少了 MVR 系统的处理水量和投资运行成本。该废水"零排放"处理工程项目总投资约为 9000 万元，吨水处理成本约为 80 元/m³ 废水，于 2016 年进入调试运行。反渗透及正渗透膜浓缩处理系统的占地面积约为 20m×30m；MVR 蒸发结晶系统为室外布置。整个工程施工周期约为 9 个月。

该项目采用正渗透技术对反渗透浓水进行深度浓缩，正渗透技术国内投入商业运行的案例较少，该技术的可靠性、经济性均有待考察、验证。正渗透处理系统汲取液回收再生等问题可能会影响系统的稳定运行，结晶盐的销售或处理处置也需要进行考虑。

（三）烟道雾化蒸发工艺

1. 方案实施情况

某供热电厂现有 3 台 25MW、1 台 12MW 和 1 台 15MW 供热机组，总装机容量 102MW，全厂废水主要为脱硫废水。采用石灰石-石膏湿法脱硫工艺，脱硫废水产生量约为 2.8m³/h，氯离子含量约为 20000mg/L，固体悬浮物含量在 4% 左右，pH 值在 5～6 之间。脱硫废水采用"深度过滤预处理-烟道雾化蒸发"工艺进行处理，实现脱硫废水的"零排放"。将 2.8m³/h 的脱硫废水经过深过滤预处理后喷入 3 台 25MW 机组除尘器入口前烟道内，平均每台机组蒸发约 1m³/h 的废水。25MW 机组除尘器入口前烟气参数如表 13-5 所示。

表 13-5　　　　　　　　　　　除尘器入口前烟气参数

项目	单位	参数	备注
烟气量	m³/h	280000	标准状态、干基、6%O₂
烟气量	m³/h	294713	标准状态、湿基、实际 O₂
烟气量	m³/h	272374	标准状态、干基、实际 O₂
大气压	Pa	99220	
工艺设计烟温	℃	140	
H_2O	%（体积）	7.58	标准状态、湿基、实际 O₂
O_2	%（体积）	5.58	标准状态、干基、实际 O₂
N_2	%（体积）	79.12	标准状态、干基、实际 O₂
CO_2	%（体积）	15.3	标准状态、干基、实际 O₂
SO_2	%（体积）	0.019	标准状态、干基、实际 O₂
SO_2	mg/m³	950	标准状态、干基、6% O₂
SO_3	mg/m³	20	标准状态、干基、6% O₂
HCl	mg/m³	50	标准状态、干基、6% O₂
HF	mg/m³	30	标准状态、干基、6% O₂
灰尘	g/m³	40	标准状态、干基、6% O₂

脱硫废水经过深度过滤处理后，出水固体悬浮物含量达到 30mg/L 以下，然后通过输送泵进入雾化喷射装置。脱硫废水雾化装置采用双流体雾化系统，单支雾化喷枪的雾化负荷为 0.4m³/h，输水压力为 0.35MPa，单支雾化喷枪的压缩空气用量为 1m³/min，压缩空气压力为 0.35MPa，确保废水雾化液滴直径在 60μm 左右。根据现场监测数据，脱硫废水在除尘器入口前烟道内雾化蒸发后，烟气温度降低幅度在 6℃ 左右。

由于该电厂为供热机组，仅在冬季采暖季节运行，所以运行负荷相对较为稳定，除尘器入口烟气温度相对较高，有利于脱硫废水烟道雾化蒸发系统的运行。自 2016 年年初投运以来，运行状况较好，基本无严重积灰现象。由于废水雾化喷射系统较为简单，拆卸方便，可以定期对雾化喷枪依次进行除垢处理，保证系统的稳定运行。检修期间对脱硫废水烟道雾化蒸发系统下游烟道查看情况表明，系统运行不会产生烟道严重积灰情况，如图 13-10 所示。

图 13-10　某电厂脱硫废水烟道雾化蒸发系统下游烟道积灰情况

2. 方案适用性分析

（1）投资运行经济性。该脱硫废水烟道雾化蒸发项目的施工周期为 20 天左右，投资成本约为 160 万元，水处理成本约为 10.1 万元/年（折旧费为 9.5 万元/年，电费约为 0.8 万元，材料耗材费用约为 0.2 万元/年），吨水处理成本约为 15 元/m^3（含设备折旧费，不含设备折旧费为 3.06 元/m^3）。脱硫废水烟道雾化蒸发系统运行后，脱硫废水实现"零排放"，每年可节约水资源 8400m^3（利用小时 3000h，仅供热季运行），节约水资源费 1.68 万元（水费 2 元/m^3）。具体成本分析如表 13-6 所示。

表 13-6　　　　　　　　　脱硫废水烟道雾化蒸发系统运行成本分析

序号	项　目		单位	数值	备注
1	项目总投资		万元	160	
2	年利用小时		h	3000	
3	厂用电率		%	9.02	
4	年售电量		GWh	851	
5	生产成本	工资	万元	0	
		折旧费	万元	10.1	
		修理费	万元	3.2	
		电耗费用	万元	1.05	
		节约水费用	万元	−1.68	
6	总计		万元	12.67	
7	增加上网电费		元/MWh	0.149	
8	吨水处理成本		元/m^3	15	3.06（不含折旧费）

该案例中，脱硫废水通过深度过滤进行预处理，没有化学药剂添加，没有污泥产生，显著降低了预处理成本。采用烟道雾化蒸发工艺，利用烟气余热对废水进行蒸发，节约了能耗，进一步降低运行成本。此外，废水蒸发后产生的结晶盐随飞灰进入除尘器被捕集，与飞灰混合，没有结晶盐的处理处置问题。

（2）对灰品质的影响。根据该项目脱硫废水的水质水量情况，脱硫废水中氯离子约为2万 mg/L，以脱硫废水水量 2.8m³/h 计算，结晶的产生量约为 56kg/h。除尘器前烟道的烟气量为 294713m³/h（单台机组），粉尘浓度为 40g/m³（标准状态），由此可计算得出每小时产生的灰量为 11788.52kg/h（单台机组），在除尘效率为 99%的情况下产生的灰量为11670.63kg/h（单台机组），3 台机组的产生量为 35011kg/h。考虑到脱硫废水零排放工程改造后产生的结晶盐量为 56kg/h，其质量占灰质量的百分比仅为 0.16%。以 20%（最高限值）的比例掺配制得的水泥可以满足 GB 175—2007《通用硅酸盐水泥》中关于氯离子含量的要求（小于 0.1%）。因此，脱硫废水烟道雾化蒸发处理系统的运行不会影响粉煤灰的品质。

（3）对烟道的影响。由于该项目除尘器入口烟气温度较高（140℃左右），使得雾化后的废水液滴能够瞬间蒸发，正常情况下不会出现废水沾湿烟道、造成烟道腐蚀的情况。根据该案例的运行情况，投运以来没有出现烟道腐蚀的现象。根据烟道内流场情况，在流场紊乱度较高的部位容易产生积灰现象，但是通过加装吹灰装置可以显著减轻甚至避免积灰。

（4）对除尘器的影响。根据脱硫废水烟道雾化蒸发系统运行中对除尘器运行的相关参数，如一、二电场的一次电流、一次电压、二次电流和二次电压，布袋压差的监测结果，除尘器运行的相关参数基本没有变化，除尘器效率也没有明显变化，因此脱硫废水烟道雾化蒸发系统的运行不会对除尘器的运行产生影响。

（四）旁路烟道蒸发工艺

1. 方案实施情况

某电厂装机容量为 2 台 350MW 燃煤机组，经过水资源梯级利用后，产生的废水主要为脱硫废水，水量为 20m³/h。改造工程设置脱硫废水软化及浓缩车间，占地面积约为25m×20m。

由于脱硫废水水量较大，在脱硫废水进入旁路烟道进行蒸发处理前先进行除硬除浊预处理及浓缩减量处理。脱硫废水除硬处理采用"石灰/NaOH-Na₂CO₃"双碱法处理，除硬处理出水经多介质过滤器去除微小悬浮颗粒物后输送至超滤系统进一步除浊。超滤系统出水进入海水反渗透膜浓缩处理系统，系统脱盐率大于或等于97%，系统回收率大于或等于60%。海水反渗透系统产生的12m³/h的淡水直接回用于脱硫系统或工业用水，8m³/h 的浓水进入旁路烟道蒸发系统蒸发处理。

脱硫废水旁路烟道蒸发系统安装如图 13-11所示，旁路烟道布置在现有 SCR 出口至空气预热器出口竖直烟道旁边，不再占用厂区地面，高约

图 13-11 脱硫废水旁路烟道蒸发系统安装图

为 10m，截面积约为 $2m^2$。整个系统的改造施工周期约为 6 个月，停机时间 1 周左右即可。

根据工艺设计，海水反渗透膜浓缩系统产生的浓水水量为 $8m^3/h$，浓水再平均分配至 2 台机组的 4 套旁路烟道蒸发系统，每套蒸发系统消纳量为 $2m^3/h$。根据现场监控数据，目前 2 套旁路烟道蒸发系统投入运行，处理水量分别为 $0.7m^3/h$ 和 $1.73m^3/h$，外引高温烟气量分别为 $9800m^3/h$ 和 $24960m^3/h$（标准状态）。脱硫废水浓水在旁路烟道内蒸发后，烟气温度由 331℃ 降低到 148℃。每套旁路烟道蒸发系统设置 2 支雾化喷枪，单支喷枪的最大喷水负荷为 $1.2m^3/h$，运行压力为 6.7bar（1bar ≈ 10^5Pa）；喷枪雾化压缩空气的运行压力为 6.5bar，压缩空气流量为 $6m^3/min$。

2. 方案适用性分析

（1）对除尘器的影响。废水在旁路烟道内完全蒸发产生水蒸气将会增加烟气的湿度。烟气湿度增加，烟气比电阻降低，可提高电除尘器的除尘效率。根据该案例中脱硫废水旁路烟道蒸发系统的布置图，在外引烟道出口进入除尘器烟道入口的一段，由于烟道弯曲可能会造成烟道弯曲处产生积灰。

（2）烟道腐蚀。废水旁路烟道蒸发系统采用空气预热器入口高温烟气作为热源，由于烟气温度较高（330℃左右），使得废水液滴能够瞬间蒸发，正常情况下不会出现废水沾湿烟道、造成烟道腐蚀的情况。根据该案例的运行情况，投运以来没有出现烟道腐蚀的现象。

（3）对粉煤灰品质的影响。该项目脱硫废水完全蒸发后产生的结晶盐进入粉煤灰中。根据系统运行中一电场粉煤灰化验数据，在单台 350MW 机组消纳 $3.5m^3/h$ 脱硫废水反渗透浓水（氯离子含量为 30000mg/L 左右）的情况下，粉煤灰中氯元素含量增加至 0.26%，以 20%（最高限值）的比例掺配制得的水泥可以满足 GB 175—2007 中关于氯离子含量的要求（小于 0.1%）。因此，脱硫废水旁路烟道蒸发处理系统的运行不会影响粉煤灰的品质。

（4）对锅炉炉效的影响。旁路烟道蒸发系统以空气预热器入口高温烟气作为热源，由于消耗一定量的高温烟气，将会对锅炉的炉效产生影响。以每台机组蒸发 $4m^3/h$ 废水计算，抽取高温烟气占满负荷总烟气量的 3% 左右，系统运行造成锅炉效率下降幅度为 0.3% 左右，折算供电煤耗上升 1g/kWh 左右。系统运行导致锅炉效率下降造成的经济效益损失为 189 万元/年（煤价以 600 元/t 计算）。

（5）改造投资及运维经济性分析。$20m^3/h$ 脱硫废水采用"双碱法软化＋UF-SWRO 浓缩减量＋旁路烟道蒸发"处理系统的系统投资为 3500 万元，年药品消耗费用为 172.8 万元，电费成本为 100.8 万元。系统具体运行成本分析如表 13-7 所示。根据计算，该案例采用旁路烟道蒸发工艺处理脱硫废水，处理成本为 66.62 元/m^3（含设备折旧费），不含设备折旧费的处理成本为 44.72 元/m^3（含设备折旧费），系统投资和运行成本远低于 MED 工艺和 MVR 工艺。

表 13-7   某电厂脱硫废水旁路烟道蒸发系统运行成本分析

序号	项 目	金额	单位	备注
1	年药品消耗	172.8	万元	
2	年蒸汽消耗	0	万元	蒸汽单价按 150 元/t 计
3	年电力消耗	100.8	万元	按上网电价 0.4963 元/t 计
4	年备件费	98.5	万元	

续表

序号	项　　目	金额	单位	备注
5	设备折旧	221.7	万元	设备按 15 年折旧
6	年人力费	132.7	万元	
7	影响炉效损失	189	万元	
8	年节约水费	−39	万元	
9	年节约排污费	−10.4	万元	
10	年总运行费用	866.1	万元	
11	吨水折算成本	66.62	元/ m³	不含折旧为 44.72 元/m³

注：1．某电厂脱硫废水旁路烟道蒸发"零排放"工程，设计处理水量为 20m³/h，60%淡水 12m³/h 至脱硫工艺水，40%的浓水 8m³/h 进入后段的固化单元。

2．脱硫废水处理后全部回用，水费以 3 元/m³ 计算，年节约水量为 13 万 m³。

3．排污费以 0.8 元/m³ 计算，年排污量以 13 万 m³ 计算。

四、小结

全厂水资源统筹优化利用是实现全厂废水"零排放"处理的基础，应做好厂内废水的综合利用、梯级利用，实现厂内系统废水的减量化。在实施全厂废水"零排放"改造前，电厂应结合自身情况，结合水平衡测试的情况，做好节水工作，避免"跑冒滴漏"和水质混杂。

全厂废水"零排放"处理系统的实施和运行，对各废水处理系统的处理能力及运行稳定性提出了更高的要求。应对全厂各废水处理系统的运行进行统筹管理，在总结研究国内废水"零排放"系统工程设计、建设和运行工作经验的基础上，制定系统运行技术规范，实现废水"零排放"系统的稳定、经济运行。

当前废水处理技术发展较快，新技术层出不穷，传统技术亦不断改进优化。对于需要实施废水"零排放"改造的项目，应根据电厂实际情况，以"一厂一策"的原则，详细论证，多方案比较，确定最佳改造方案。

参 考 文 献

[1] 周至祥，段建中，薛建明. 火电厂湿法烟气脱硫技术手册［M］. 北京：中国电力出版社，2006.

[2] 吕志超，徐勤云，方芸. 高效脱硫技术综述［J］. 资源节约与环保，2015，（8）：11-15.

[3] 华能国际电力股份有限公司. 燃煤电厂烟气协同治理技术指南（试行）［M］，2014.5.

[4] 孟令媛，朱法华，张文杰，等. 基于SPC-3D技术的烟气超低排放工程性能评估［J］. 电力科技与环保，2016，1（32）：13-16.

[5] 何永胜，高继贤，陈泽民，等. 单塔双区湿法高效脱硫技术应用［J］. 环境影响评价，2015，5（37）：52-56.

[6] 刘定平，陆培宇. 旋流雾化技术在464000m³/h烟气湿法脱硫中的应用［J］. 中国电力，2015，8（48）：130-134.

[7] 魏宏鸽，徐明华，柴磊，等. 双塔双循环脱硫系统的运行现状分析与优化措施探讨［J］. 2016，10（49）：132-135.

[8] 李庆，孟庆庆，郭玥. 基于国家新颁布污染物排放标准的烟气脱硫改造技术路线［J］. 华北电力技术，2013（2）：28-31.

[9] 删继玺. 脱硫塔高效除雾技术的研究［D］. 华北电力大学，2013.

[10] 崔鹏飞. 脱硫系统吸收塔除雾器结垢原因及处理［J］. 电力安全技术，2011，13（7）：62-63.

[11] 林建峰. 脱硫除雾器堵塞故障分析［J］. 电力安全技术，2008，7：32.

[12] 洪文鹏，雷鉴琦. 加装钩片对除雾器性能影响的数值研究［J］. 动力工程学报，2016，36（1）：59-64.

[13] 吴春华，秦绪华，徐忠峰. 脱硫吸收塔堵塞防止政策［J］. 吉林电力，2014，42（1）：49-51.

[14] 何仰朋，陶朋，石振晶，等. 喷淋脱硫塔内除雾器运行特性［J］. 中国电力，2015，48（7）：124-128.

[15] 张铁，赵红，石峰，等. 脱硫除雾器对烟尘排放影响的研究［J］. 广州化工，2014，42（17）：108-110.

[16] 删继玺. 脱硫塔高效除雾技术的研究［D］. 华北电力大学，2013：62-63.

[17] 何仰朋，陶朋，石振晶，等. 喷淋脱硫塔内除雾器运行特性［J］. 中国电力，2015，48（7）：124-128.

[18] 洪文鹏，雷鉴琦. 加装钩片对除雾器性能影响的数值研究［J］. 动力工程学报，2016，36（1）：59-64.

[19] 电力科技与环保. 燃煤电厂烟气协同治理技术指南（试行）［Z］.

[20] 李锋，於承志，张朋. 高尘烟气脱硝催化剂耐磨性能研究［J］. 热力发电，2010，12（3）：73～75.

[21] 李守信，华攀龙，陈青松，等. 影响SCR脱硝催化剂脱硝性能的因素分析［J］. 中国环保产业，2016，5：55～58.

[22] 商雪松，陈进生，赵金平，等. SCR脱硝催化剂失活及其原因研究［J］，燃料化学学报，2011，39（6）：465～470.

[23] 沈艳梅，魏书洲，崔智勇. 造成SCR脱硝催化剂失活的关键物质及预防［J］，中国电力，2016，49（4）：1～5.

[24] 陈艳萍，吴思明，卢慧剑，等. 1000MW燃煤电厂钒钛系脱硝催化剂失活原因分析［J］，浙江大学学报（工学版），2015，49（3）：564～570.

[25] 张烨，徐晓亮，缪明烽. SCR脱硝催化剂失活机理研究进展［J］. 能源环境保护，2011，25（4）：14～18.

[26] 李帅英，武宝会，姚皓，等. SCR 催化剂活性评估对 NO_x 超低排放影响[J]. 中国电力，2017，50（8）：163～167.

[27] 张强. 燃煤电站 SCR 烟气脱硝技术及工程应用[M]. 北京：化学工业出版社，2007.

[28] 郑伟，甄志，黄波，高良海. 烟气脱硝还原剂制备工艺[J]. 热力发电，2013，42（2）：103-105.

[29] 叶茂，杨志忠，晏顺娟，等. SCR 烟气脱硝尿素热解用炉内气气换热器技术研究[J]. 东方电气评论，2015，29（114）：76-82.

[30] 姚宣，沈滨，郑鹏，郑伟. 烟气脱硝用尿素水解装置性能分析[J]. 中国电机工程学报，2013，33（14）：38-43.

[31] 张向宇，张波，陆续，等. 火电厂尿素水解工艺设计及试验研究[J]. 中国电机工程学报，2016，36（9）：2452-2458.

[32] 孟磊. 火电厂烟气 SCR 脱硝尿素催化水解制氨技术研究[J]. 中国电力，2016，49（1）：157-160.

[33] 柳宏刚，白少林. 现役各类 W 火焰锅炉 NO_x 排放对比分析研究[J]. 热力发电，2007（3）：1-4，9.

[34] 王建峰，尤良洲，胡姐，等. "W"火焰锅炉脱硝超排放技术与经济分析[J]. 中国电力，2017，50（3）：38-40.

[35] 孙献斌，时正海，金森旺. 循环流化床锅炉超低排放技术眼[J]. 中国电力，2014，47（1）：142-145.

[36] 唐韵，夏再忠，王如竹. 冷却塔白烟防止技术[C]. 全国制冷空调新技术研讨会. 2006.

[37] 庄烨，顾鹏，欧阳丽华，等. 燃煤电厂烟囱降雨机理分析[J]. 中国环境科学，2015（3）：714-722.

[38] 郭彦鹏，潘丹萍，杨林军. 湿法烟气脱硫中石膏雨的形成及其控制措施[J]. 中国电力，2014，47（3）：152-154.

[39] 聂鹏飞，张宏宇. 火电厂无 GGH 湿法脱硫机组烟囱降雨原因分析及对策[J]. 工业安全与环保，2012，38（2）：4-8.

[40] 杨东月. 燃煤电厂烟气综合净化技术研究[D]. 华北电力大学（北京）华北电力大学，2015.

[41] 杨建洋. 排烟冷却塔烟气抬升高度的计算分析[J]. 电力科技与环保，2010，26（1）：23-24.

[42] 陈莲芳，徐夕仁，马春元，等. 湿式烟气脱硫过程中白烟的产生及防治[J]. 发电设备，2005，19（5）：326-328.

[43] 熊英莹，谭厚章，湿式毛细相变凝聚技术对微细颗粒物的脱除机理研究[C]. 2014 中国环境科学学会学术年会. 2014.

[44] 熊英莹，谭厚章，许伟刚，等. 火电厂烟气潜热和凝结水回收的试验研究[J]. 热力发电，2015（6）：77-81.

[45] 熊英莹，王自宽，张方炜，等. 零水耗湿法脱硫系统试验研究[C]. 发电企业节能减排技术论坛. 2013.

[46] 张贵祥，董建国，李志民，等. 火电厂废水"零排放"设计研究与应用[J]. 电力建设，2004，25（2）：52-54，69.

[47] 李强. 火电厂废水零排放[D]. 北京：华北电力大学（北京），2003.

[48] 潘娟琴，李建华，胡将军. 火力发电厂烟气脱硫废水处理[J]. 工业水处理，2005，25（9）：5-7.